写给孩子的

二十四节气

白虹 编著

北京联合出版公司
Beijing United Publishing Co.,Ltd.

图书在版编目（CIP）数据

写给孩子的二十四节气 / 白虹编著 . -- 北京 : 北京联合出版公司，2021.6（2022.5 重印）

ISBN 978-7-5596-5050-4

Ⅰ . ①写… Ⅱ . ①白… Ⅲ . ①二十四节气 – 儿童读物 Ⅳ . ① P462–49

中国版本图书馆 CIP 数据核字（2021）第 076349 号

写给孩子的二十四节气

编　　著：白　虹
出 品 人：赵红仕
责任编辑：管　文
封面设计：韩　立
内文排版：盛小云
部分图片：摄图网
插图绘制：陈福平　李宇譞　李　腾

北京联合出版公司出版
（北京市西城区德外大街 83 号楼 9 层　100088）
鑫海达（天津）印务有限公司印刷　新华书店经销
字数 140 千字　720 毫米 × 1020 毫米　1/16　13.5 印张
2021 年 6 月第 1 版　2022 年 5 月第 2 次印刷
ISBN 978-7-5596-5050-4
定价：55.00 元

当你在午饭后察觉到影子的长短及方向变换，在宁静的夜晚仰望忽闪忽闪的繁星，是否也像古人一样听懂了它们的诉说？无论生活在城市还是乡村，我们都是大自然的孩子，二十四节气，就是大自然母亲说给我们的语言。二十四节气是中华民族传统文化的重要组成部分，流传至今，深深影响着我国广大劳动人民的生产和生活。

二十四节气是我国独创的传统历法，也是我国历史长河中不可多得的瑰宝，上至风雨雷电，下至芸芸众生，包罗万象。在长期的生产实践中，我国劳动人民通过对太阳、天象的不断观察，开创出了节气这种独特的历法。经过不断的探索、分析和总结，节气的划分逐渐变得科学和丰富，到距今两千多年的秦汉时期，二十四节气已经形成了完整的体系，并一直沿用至今。

二十四节气蕴含着丰富的中华传统文化。北宋著名哲学家程颢有一首题为《秋日偶成》的诗，诗中说："闲来无事不从容，睡觉东窗日已红。万物静观皆自得，四时佳兴与人同。道通天地有形外，思入风云变态中。富贵不淫贫贱乐，男儿到此是豪雄。"诗中用自然法则来展现人生的哲理。无论是"静观万物"，还是享受春夏秋冬"四时佳兴"，其中的道理都是一样的。二十四节气在讲述气象变化的同时，也在讲述人与自然的关系、人与人的关系，更是在讲述人类生存的基本法则。

本书以二十四节气为主线，将与每个节气有关的物候变化、经典诗词、农事民俗、传统节日、传世谚语等知识娓娓道来，唯美清新的笔触配以精美的手绘插图，将诗情画意完美地结合在一起，带孩子体验神奇的四季轮回。

以节气为作息，以万物为启蒙，以自然为导师，让二十四节气不再只是古人留下的传统遗产，而是真正"活"在今天，由孩子们继承发扬，常学常新，成为我们世代相传的宝贵财富。

目录

春

夏

写给孩子的
二十四节气

秋

冬

春

立春　雨水　惊蛰　春分　清明　谷雨

立春

乍暖还寒，万物复苏

立春又称"打春"，"立"是"开始"的意思，中国以立春为春季的开始，从这一天直到立夏，都被称为春天。每年阳历2月3日至5日之间，太阳到达黄经315°时为立春。古代"四立"，指春、夏、秋、冬四季的开始。立春代表新的一年开始，人们在这天吃春饼和春卷庆祝，称为"咬春"。

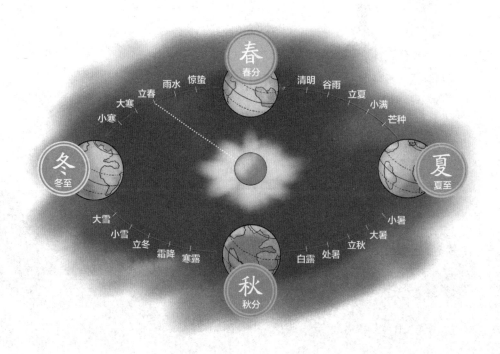

立春三候

初候，东风解冻

二候，蛰（zhé）虫始振

三候，鱼陟（zhì）负冰

　　告别了寒冷的冬天，春天已经到来，然而冬天的寒冷却还未能一下子消失殆尽，天气需要经过较长的一段时间预热才能慢慢暖和起来，东风送暖，大地开始解冻，万物渐渐苏醒，这就是"初候，东风解冻"。

　　五天后，蛰居的虫类因感受到了春天的温暖，因而蠢蠢欲动起来，这就是"二候，蛰虫始振"。

　　再经过五日，水面厚厚的冰也开始逐渐融化了，水底的鱼儿迫不及待地要感受春天的气息，由于还有一些冰没有融化，就像鱼儿背着冰向上游一样，于是便有了"三候，鱼陟负冰"的说法。

节气诗文

立春偶成
南宋·张栻

律回岁晚冰霜少，春到人间草木知。

便觉眼前生意满，东风吹水绿参差。

立春日郊行
南宋·范成大

竹拥溪桥麦盖坡，土牛行处亦笙（shēng）歌。

麹（qū）尘欲暗垂垂柳，醅（pēi）面初明浅浅波。

日满县前春市合，潮平浦口暮帆多。

春来不饮兼无句，奈此金幡（fān）彩胜何。

传统习俗

|鞭打春牛|

春牛为泥塑，古时最高级别的打春仪式，由皇帝亲自主持，宫监执行。

地方上也举行打春仪式，但是各地稍有不同。鞭打春牛的场面极热闹，依照惯例是最高的地方长官用装饰华丽的"春鞭"先抽第一鞭，然后依官位大小，依次鞭打。最终是将一头春牛打得稀巴烂后，围观者一拥而上，争抢碎土，据说扔进自己家田里，就能预兆丰收。

此外，也有用纸扎春牛的，并预先在"牛肚子"里装满五谷，等到"牛"被鞭打破后，五谷流出，也是丰收的象征。

清朝后期，迎春鞭牛渐渐由官办变为民间举办的活动。直到现在，部分地区还保留着鞭打春牛的风俗。

戴春鸡、佩燕子

戴春鸡是立春之日古老的风俗。每年立春日，人们用布制作小公鸡，缝在小孩帽子的顶端，表示祝愿"春吉（鸡）"，预示新春吉祥。

而佩燕子是陕西一带人民的风俗。每年立春日，人们喜欢在胸前佩戴用彩绸缝制的"燕子"，这种风俗源自唐代，现在仍然在一些农村中流行。因为燕子是报春的使者，也是幸福吉利的象征。

送穷节

送穷节是古代民间一种很有特色的岁时风俗。

传说穷神是上古高阳氏的儿子瘦约，他平时爱好穿破旧的衣服，吃稀粥。别人送给他新衣服穿，他就撕破，用火烧出洞，再穿在身上，宫里的人称他为"穷

子"。正月末，穷子死于巷中，所以人们在这天做稀粥、丢破衣，在街巷中祭祀，名为"送穷鬼"。

到了宋朝，送穷风俗依然流行，但送穷的时间提前了，定在正月初六。人们将垃圾扫拢，上面盖上七枚煎饼，在大家还未出门时将它抛弃在人们来往频繁的道路上，表示已经送走穷鬼了。

人日节

大年初七是中国传统习俗中的"人日"，是人类的生日。传说女娲造人时，前六天造出了鸡、狗、羊、牛和马等，第七天造出了人，因此，汉民族认为正月初七是"人类的生日"。

正月初七的"人日"，俗称"人齐日"，即"七"的谐音。这一天全家人尽可能团团圆圆，外出的人也要尽量赶回来住。如遇要紧事，也得早晨出门，晚上赶回。等全家人齐全，一个也不缺，才算过好"人日"节。

陕西关中地区，初七的早上，家家户户要吃一顿长寿面，让人们长寿，让老年人"福寿长存"；让小孩子长了再长，"长命百岁"。

传统节日 春节

　　立春前后的农历节日是春节，俗称过年，已有四千多年的历史，是我国最隆重、最热闹的传统节日。在民间，春节从腊月二十三或二十四的祭灶就拉开了序幕，到除夕和正月初一达到高潮。除夕这一天是全家团圆的日子，家家户户忙着贴春联、包饺子、做年夜饭。大年初一清早，大人孩子们穿着节日的盛装，出门走亲访友，相互拜年，恭祝新年大吉大利。

|祭拜、迎接财神|

　　春节来临，民间有祭拜的传统，全国各地祭拜习俗大同小异，但是目的均相同，不外乎祈求风调雨顺、五谷丰登、万事如意、大吉大利。

　　迎接财神这个习俗流行于北方地区，而且各地迎接财神的时间、仪式各有不同。

|贴春联、福字和门神|

　　春联的别名很多，有的地方叫门对、春贴，有的地方叫对联、对子。无论城市还是农村，家家户户都要贴春联。

春节人们在屋门、墙壁、门楣上贴"福"字，是我国由来已久的风俗。"福"字指福气、福运，寄托了人们对幸福生活的向往，对美好未来的祝愿。

春节前一天下午，人们将绘有门神的画贴于门板上。这个习俗古已有之。先期是为了驱邪镇鬼，近世多为增添喜庆欢乐。

吃水饺、汤圆、年糕

北方过年多数地区吃水饺。人们在包水饺时，常在水饺里面放一枚硬币，代表吉祥，认为吃中者为全家当年最有福之人。

汤圆和元宵外形相似，但制作工艺不同，汤圆是包出来的，元宵是摇出来的。江浙地区春节这天多吃汤圆，含有"团团圆圆"的意思。

春节家家吃年糕，主要是因为年糕谐音"年高"，寓意年年高升。年糕的口味因地而异，北方的年糕以甜为主，或蒸或炸，南方的年糕甜咸兼具。年糕的吃法除了蒸、炸以外，还可以切片炒食或是煮汤。

守岁、压岁钱

除夕守岁，有的地方叫"熬年"，是最重要的春节活动之一。守岁含有两层意思：年长者守岁为"辞旧岁"，有珍爱光阴的意思；年轻人守岁，是为延长父母寿命。最早记载见于西晋，直到今天，人们还习惯在除夕之夜守岁迎新。

压岁钱也叫"守岁钱""压祟钱""压胜钱""压腰钱"。据传除夕吃完年夜饭，由尊长或一家之主向晚辈分赠钱币，并用红线穿编铜钱成串，挂在小孩胸前，说是能够压邪驱鬼。这个习俗自汉魏六朝开始流行。因为"岁"与"祟"谐音，"压岁"即"压祟"，所以称为"压岁钱"。又因为是守岁夜给钱，所以也称"守岁钱"。

燃放爆竹

"爆竹声中一岁除，春风送暖入屠苏。千门万户曈（tóng）曈日，总把新桃换旧符。"北宋文学家、政治家王安石的这首诗也提到了春节

燃放爆竹，可见春节燃放爆竹的习俗由来已久。

在春节到来之际，家家户户开门的第一件事就是燃放爆竹，以噼里啪啦的爆竹声除旧迎新。爆竹亦称"炮仗""鞭炮""炮"等。

|舞龙|

舞龙又称"龙舞""龙灯舞""舞龙灯"等。

龙是传说中的神奇动物，能在天上呼风唤雨。早在汉代就有舞龙祈雨的活动，当时四季祈雨，春舞青龙，夏舞赤龙或黄龙，秋舞白龙，冬舞黑龙。舞龙时，锣鼓喧天，爆竹齐鸣，场面十分热烈。

舞龙的每一个动作都有名号，诸如："二龙戏珠""二龙出水""黄龙过江""白龙出洞""穿越龙桥""打草惊蛇""银龙翻江""金龙倒海""海底捞月"。如果两队舞龙者相遇，一定大展技艺，争夺高下。有的地方，败北一方要为获胜一方奏锣鼓、放鞭炮。

|一年之计在于春|

这是我国流传最为广泛的格言式谚语之一。它出自《增广贤文》，原文内容是："一年之计在于春，一日之计在于晨，一家之计在于和，一生之计在于勤。"

"一年之计在于春"，强调的是在一年的春季，要做好详细可行的计划，起个好头，为全年打好坚实的基础。也就是我们平常所说的凡事预则立，不预则废。

|早春孩儿面，一日两三变|

立春时节，虽然南方已经比较暖和了，但是北方还是寒冷的，尤其东北三省还是冰天雪地。这个时节南北方的温度差别很大。

春季的天气变化无常，好像孩子的脸，忽哭忽笑。有经验的人常说"早春孩儿面，一日两三变"，形容早春气温复杂多变的特征。因此，人们采取保守的办法春捂秋冻，以不变应万变。

雨水

春雨散落，草木萌动

雨水节气是二十四节气中的第二个节气，表示降水开始，雨量逐渐增多。雨水节气一般从阳历2月18日或20日开始，到3月4日或5日结束。太阳到达黄经330°时叫"雨水"节气。雨水，表示两层意思，一是天气回暖，降水量逐渐增多；二是在降水形式上，雪渐少，雨渐多了。雨水和谷雨、小雪、大雪一样，都是反映降水现象的节气。

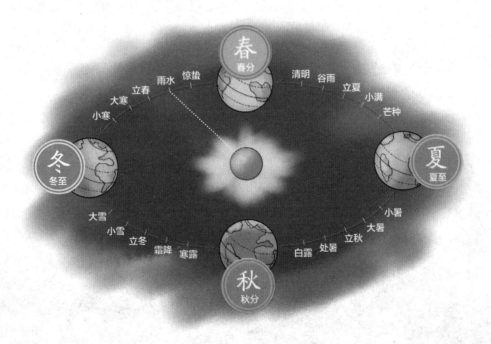

雨水三候

初候，獭（tǎ）祭鱼

二候，候雁北

三候，草木萌动

雨水时节，气温回升，水温升高，鱼儿开始在水里游来游去，水獭下水捕鱼。据说水獭捕到鱼，会将鱼排成一排，就像一种祭祀仪式。

随着气温的逐渐升高，到南方越冬的候鸟开始飞回北方繁殖。

地温也逐渐升高，地下的种子感受到温度的升高开始发芽，树木也开始长出新芽。

传统习俗

| 撞拜寄 |

撞拜寄是一种在民间广泛流行的风俗，在北方也称认干亲、打干亲，南方多称为认寄父、认寄母、拉干爹等，其实就是为孩子认干爸干妈。

在川西民间，雨水节这天，年轻妇女会带着幼小的儿女等待第一个从面前经过的行人，拜他为干爹或干妈，磕头拜寄，行人会给小孩送出红包。

撞拜寄找干爹、干妈的寓意，乃是为了让儿子或女儿顺利、健康地成长。

| 占稻色 |

自宋代开始，吴、越民间便有正月十三、十四"卜谷"的习俗，将糯米放到锅中爆炒，以米花爆白多者为吉。客家人雨水节"占稻色"与吴越民间正月十四"卜谷"具有同样的民俗意义，所谓"占稻色"就是通过爆炒糯米，预测稻谷的成色。成色足则意味着高产，成色不足则意味着产量低。而成色的好坏，就看爆出的糯米花多少。爆出来白花花的糯米花越多，则当年稻获得的收成越好；而爆出来的米花越少，则意味着当年收成不好，米价将贵。

| 妇女回家 |

雨水是一个节气，但不是一个节日，在四川一带民间有妇女在雨水这一天回娘家的习俗。

当地出嫁的女儿在这一天要带上罐罐肉等礼物回去拜望父母，感谢父母的养育之恩。

传统节日 元宵节

　　元宵节民间俗称较多，又称作"上元节""元夕节"，有的地方叫闹元宵节，简称"元宵""元夜""元夕"等。元宵节是我国的传统节日，关于它的起源有各种说法，其中之一是：东汉永平（公元58—75年）年间，明帝为提倡佛教，于上元夜在宫廷、寺院"燃灯表佛"，令士族庶民家家张灯结彩。此后相沿成俗，成为民间盛大节日之一，也是春节之后的第一个重要节日。

｜闹元宵｜

　　元宵节闹元宵，就节期长短而言，汉朝是1天，到了唐朝已经定为3天，宋朝则长达5天，明朝时间更长，自初八点灯，一直到正月十七的夜里才落灯，整整10天。与春节相接，白昼为市，热闹非凡，夜间燃灯，蔚为壮观。

　　元宵节当天以及前后几天，民间敲锣打鼓、结队游行闹元宵，人们对此加以庆祝，也庆贺新春的延续。大街小巷，茶坊酒肆，灯烛齐燃，锣鼓声声，鞭炮齐鸣，百里灯火不绝。

饮元宵酒

元宵佳节，古往今来被文人骚客们赋予了太多美好的寓意。辛弃疾用"东风夜放花千树"描绘的火树银花，李商隐以"香车宝盖隘（ài）通衢（qú）"呈现的锦绣团簇，都是人们对这个节日特殊情怀的释放。尤其是蒲松龄的"雪篱深处人人酒"，将饮酒与上元佳节的温馨团圆结合在一起，元宵节饮酒，不仅仅表示团圆喜庆，而且也有祈求太平的意思。

猜灯谜

元宵节猜灯谜是我国特有的富有民族风格的一种文娱形式，始于宋代。

上自文人雅士，下至婴幼孩童，都有适合各自水平的谜语可猜。

｜吃元宵｜

元宵节的应节食品，在南北朝时期是浇上肉汁的米粥或豆粥，但这项食品主要用来祭祀，还谈不上是节日食品。到了南宋，就出现了"乳糖圆子"，明朝时，人们用"元宵"来称呼这种糯米团子。近年来，元宵的制作日渐精致。光就面皮而言，有糯米面、高粱面、黄米面和玉米面。馅料更是甜咸荤素，应有尽有。制作的方法也南北各异，北方的元宵多用箩滚手摇，南方的汤圆多用手工揉团。

｜踩高跷｜

踩高跷是古代百戏之一，早在春秋时期就已经出现了。

传说踩高跷这种活动形式，原来是古人为了方便采集树上的野果，给自己的腿上绑两根长棍而发展起来的一种民间活动。

还有传说踩高跷是以滑稽著称的晏婴发明的。春秋战国时期，晏婴

一次出使邻国，邻国君臣笑他身材矮小，他就装一双木腿，顿时高大起来，弄得该国君臣啼笑皆非。他又借题发挥，把邻国君臣羞辱一顿，使得他们更狼狈。从此以后，踩高跷活动便代代流传下来。

划旱船

　　元宵节划旱船是一种在陆地上模拟水中行船的民间舞蹈。传说是为了纪念治水有功的大禹而流传下来的民俗。

　　旱船下半部分是船形，上半部分有 4 根棍子，支撑起一个顶，以竹木扎成，再蒙以彩布，形状犹如轿顶，装饰以红绸、纸花，有的地方还装有彩灯、明镜和其他装饰物，把旱船装饰得艳丽不凡，然后套系在演员的腰间，使其如同坐于船中一样，演员腰上系有一根绸带，用于吊住旱船两边的船舷，以便使旱船跟随身体的舞动而摆动。

节气诗文

春夜喜雨
唐·杜甫

好雨知时节，当春乃发生。

随风潜入夜，润物细无声。

野径云俱黑，江船火独明。

晓看红湿处，花重锦官城。

早春呈水部张十八员外二首（其一）
唐·韩愈

天街小雨润如酥，草色遥看近却无。

最是一年春好处，绝胜烟柳满皇都。

暖雨水，冷惊蛰，暖春分。	雨水清明紧相连，植树季节在眼前。
雨打雨水节，二月落不歇。	雨水日晴，春雨发得早。
雨水不落，下秧无着。	雨水无水多春旱，清明无雨多吃面。
雨水东风起，伏天必有雨。	雨水无雨，夏至无雨。
雨水淋带风，冷到五月中。	雨水阴寒，春季勿会旱。
雨水落了雨，阴阴沉沉到谷雨。	雨水有雨，一年多水。
雨水明，夏至晴。	雨水雨水，有雨无水。

|春雨贵如油|

雨水节气过后，如果降雨增多，空气湿润，天气暖和而不燥热，就非常适合万物的生长。

很多作物从播种到成苗，都需要充足的水，此时，如果恰逢雨水降临，那么就显得特别珍贵，因此有"春雨贵如油"之说。

惊蛰

春雷乍响，蛰虫惊出

惊蛰是一年中的第三个节气，在阳历 3 月 5 日至 6 日之间，太阳位置到达黄经 345°。动物蛰藏进土里冬眠叫入蛰。惊蛰，民间原来的意思是：春雷乍响，冬眠于地下的虫子受到了惊吓而从土中钻出，开始了新一年的活动。事实上，是因为惊蛰时节气温回升的步伐较快，当气温回升到一定程度时，虫子就开始活动起来了。

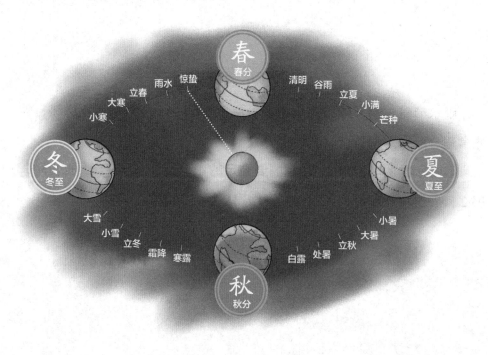

惊蛰三候

初候，桃始华

二候，鸧鹒（cāng gēng）鸣

三候，鹰化为鸠

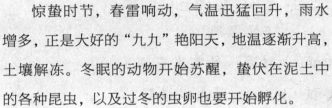

　　惊蛰时节，春雷响动，气温迅猛回升，雨水增多，正是大好的"九九"艳阳天，地温逐渐升高，土壤解冻。冬眠的动物开始苏醒，蛰伏在泥土中的各种昆虫，以及过冬的虫卵也要开始孵化。

　　春光灿烂，桃花红、梨花白，布谷鸟开始催促农民春耕。百鸟归来，黄鹂鸣叫，老鹰不见了，鸠出来活动了。

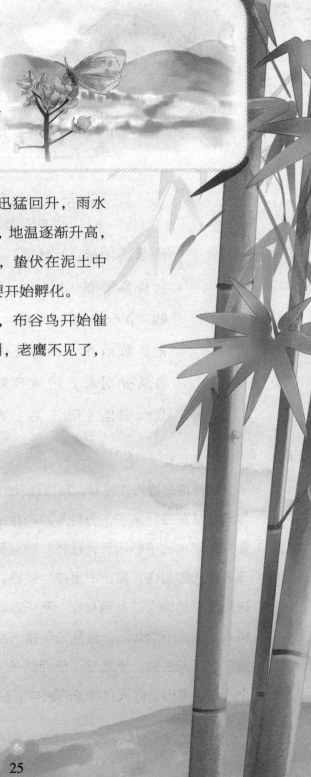

节气诗文

拟古·仲春遘时雨

东晋·陶渊明

仲春遘（gòu）时雨，始雷发东隅（yú）。

众蛰各潜骇（hài），草木纵横舒。

翩（piān）翩新来燕，双双入我庐。

先巢故尚在，相将还旧居。

自从分别来，门庭日荒芜。

我心固匪（fěi）石，君情定何如？

这首诗是诗人在仲春二月恰逢及时雨时所作。一声春雷从东方响起，春天又从东方回来了。各种冬眠的蛰虫，都被这突如其来的春雷惊醒。窗外的草木沾了春雨后，枝枝叶叶纵横舒展，清新自然。一对燕子翩翩飞入诗人的屋内，梁上旧巢依然还在，燕子一下子便飞了进去。原来，这对燕子是诗人的老朋友呢。燕子重归旧巢这件寻常小事，深深触动了诗人。诗人不禁想到，自从去年秋天燕子飞走以后，自家的门庭就日渐荒芜，了无生机，于是忍不住问燕子"我心固匪石，君情定何如"，一个问句，道出了诗人对燕子的别样情感。

传统习俗

| 扫虫 |

惊蛰时节，蛰伏的百虫从泥土、洞穴中爬出来，开始活动，并逐渐遍及田园、家中，或祸害庄稼，或滋扰生活。为此，惊蛰时节，民间均有不同形式的除虫仪式。

客家人采用"炒虫"方式来达到驱虫的目的。惊蛰这一天，客家人炒豆子、炒米谷、炒南瓜子、炒向日葵子以及各种蔬菜种子吃，谓之"炒虫"。炒熟后分给自家或邻居小孩吃。客家人还有做芋子饭或芋子饺的

习俗，以芋子象征"毛虫"，以吃芋子寓意消除害虫。

北方民俗也有惊蛰"吃虫"之说。陕、甘、苏、鲁等省有"炒杂虫、爆龙眼"习俗。人们把黄豆、芝麻之类放在锅里翻炒，噼啪有声，谓之"爆龙眼"，男女老少争相抢食炒熟的黄豆，称作"吃虫"，喻义"吃虫"之后人畜无病无灾，庄稼免遭虫害，祈求风调雨顺。

｜祭虎爷｜

民间惊蛰时节祭虎爷，以此来祈求平安吉祥，消灾纳财，同时希望家里的小孩儿能得到虎爷的保佑。

传说嘉庆微服私访的时候，一天来到一家客栈，这客栈生意兴隆，座无虚席，嘉庆一行人无处可坐，又不愿直接表明皇帝的身份，正在无奈的时候，嘉庆见桌上供着虎爷，顺口说了句："朕贵为天子都没位子坐，你这虎爷竟敢高踞桌上？"在座客人听了此言纷纷下跪面圣，虎爷也不敢怠慢，便让了位子，从此只敢在桌下。

| 敲梁震房 |

惊蛰前后，各种昆虫包括毒虫开始频繁活动，这一节气里驱虫的做法便格外普遍，各地的人们发明了多种多样的驱虫方式。用棍棒、扫帚、鞋子敲打梁头、墙壁、门户、床炕等处，或者拍簸箕、瓦块、瓢等以驱虫，是曾经流行的做法。与此同时，人们通常还要念唱歌谣。

| 吃梨 |

惊蛰节气要吃梨，因梨和"离"谐音，寓意跟害虫分离，也寓意在气候多变的春日，让疾病离身体远一点。

传说著名的晋商渠家，先祖渠济是上党长子县人，明代洪武初年，带着信、义两个儿子，用上党的潞麻与梨倒换祁县的粗布、红枣，往返两地间从中赢利，天长日久有了积蓄，在祁县城定居下来。

雍正年间，渠百川走西口，正好那天是惊蛰之日，他的父亲让他吃完梨后再三叮嘱："先祖贩梨创业，历经艰辛，定居祁县。今日惊蛰你要走西口，吃梨是让你不忘先祖，努力创业光宗耀祖。"

渠百川走西口经商致富，随后将开设的字号取名"长源厚"。人们走西口也纷纷仿效渠百川吃梨，有"离家创业"之意，后来惊蛰之日也吃梨，多含有"努力荣祖"之寓意。

传统节日 中和节

惊蛰前后有一个妇孺皆知的农历节日，那就是农历二月初二的"中和节"。此时春回大地，万物复苏，传说中的龙也从沉睡中醒来，俗称"龙抬头"。

引钱龙

"引钱龙"就是用灶灰在地上画一条龙，这样做有两个目的：一是请龙回来，呼风唤雨，祈求农业丰收；二是旧时认为龙为百虫之神，龙来了百虫就会躲藏起来，有驱赶百虫的作用。

|剃头|

中国民间在这一天剃头，祈祷鸿运当头、福星高照，因此，民谚说"二月二剃龙头，一年都有精神头"。

|敲财|

中和节晚饭后，孩子们拿出事先准备好的小木棍，去敲门枕、门框，边敲边唱："二月二，敲门枕，金子银子往家滚。二月二，敲门框，金子银子往家扛。"以祈愿家庭财源广进，称为"敲

财"。有些地方还组织小孩子到胡同或大街上比赛，看谁敲的花样多、唱的内容精彩。

｜打灰囤｜

"打灰囤"又称作"打囤""打露囤""填仓""围仓"和"画仓"等，中和节早晨用簸箕盛上草木灰，然后用一根木棒敲打簸箕边沿，让灰慢慢落下，边打边走，使灰线形成圆圈形，中间再放上少量的五谷杂粮。粮食有的直接放在地上，有的则在"囤"中挖一个小坑，把粮食放进坑里，有的将粮食放在坑里后还压上石块、砖头、瓦片之类的硬物，还有的在灰囤外撒成梯形，意思是囤高粮满，预兆丰年，因此有"二月二，龙抬头，大囤尖，小囤流"的谚语。

经典谚语

未到惊蛰雷先鸣，必有四十五天阴

如果没有到惊蛰时节，却提前打雷了（雷鸣于惊蛰之日前），那么这一年时常有大雨的可能性较大，并且阴天也比较多。

惊蛰期间何时打雷对农作物具有很大的影响，多雨的天气对山区作物生长有好处，因此人们期盼惊蛰前响雷声。

惊蛰暖和和，蛤蟆唱山歌

惊蛰时期气温回暖，当气温、地温回升到10℃左右时，蛰伏在地下的蛙类、蛇类便从土壤中、洞穴里爬出来活动。田野里也开始出现蛤蟆的叫声，这就是人们常说的"蛤蟆唱山歌"。

春分之日一般是每年阳历 3 月 20 日至 22 日，太阳到达黄经 0°。这天昼夜长短平分，正好是春季 90 日的一半，故称"春分"。

春分是个比较重要的节气，它不仅有天文学上的意义：南北半球昼夜长短一致；在气候上，也有比较明显的特征：春分时节，除一些北方地区和高海拔地区，我国其他地区都进入比较温暖的春天。

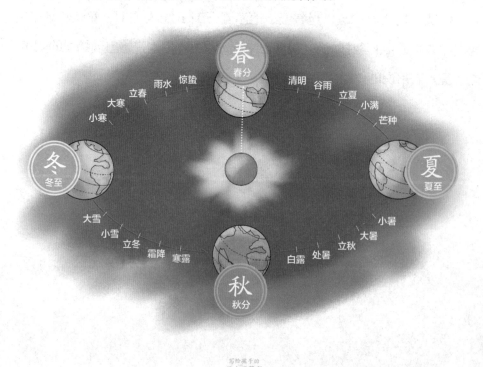

春分三候

初候，玄鸟至

二候，雷乃发声

三候，始电

节气诗文

春日田家

清·宋琬

野田黄雀自为群，山叟（sǒu）相过话旧闻。

夜半饭牛呼妇起，明朝种树是春分。

仲春郊外

唐·王勃

东园垂柳径，西堰落花津。

物色连三月，风光绝四邻。

鸟飞村觉曙，鱼戏水知春。

初晴山院里，何处染嚣（xiāo）尘。

传统习俗

｜吃春菜｜

春分时节，一些地方有吃春菜的习俗。春菜是莴苣属的一种蔬菜，采回的春菜一般与鱼片"滚汤"，名曰"春汤"，清润可口，能清热降火、生津润燥，男女老少皆宜。有顺口溜道："春汤灌脏，洗涤肝肠。阖（hé）家老少，平安健康。"春分吃春菜寓意家宅安宁、身强力壮。

｜竖蛋｜

我国春分"竖蛋"的风俗起源于四千多年前，当时是为了庆祝春天的来临。

春分竖蛋，不仅在我国流行，现在每年春分，世界其他地区也会有数以千万计的人玩竖蛋游戏，这一中国习俗已经演变为"世界游戏"。

|送春牛图|

春牛图是我国古时的一种农用图鉴。图上印有预测当年天气及农作物收成的诗句和一头牛及一个牵牛的"芒神",民间春分时节送春牛图寓意风调雨顺、庄稼丰收。

|春分酿美酒|

我国大部分地区都有春分日酿酒的习俗。浙江《於潜县志》记载,当地"春分造酒贮于瓮,过三伏糟粕自化,其色赤,味经久不坏,谓之'春分酒'"。在山西有的地方,这天不仅要酿酒,还要用酒醴(lǐ)祭祀先农。春分之日各地纷纷酿酒,据说不仅仅是当日酿的酒日后会更加香醇,而且春分之日酿酒会使当年庄稼收成好。

|吃太阳糕|

太阳糕又叫作"小鸡糕"。传说早年清宫门外有一家专做年糕的"袁记斋"小店,"袁记斋"年糕上都印着小鸡红戳,叫"小鸡糕"。一日慈禧太后想吃,送年糕进宫那天,恰逢二月初一"太阳节"。

"太阳节"是祭祀太阳神的日子，慈禧看见年糕上朱红的小鸡非常高兴，便说："鸡神引颈长鸣，太阳东升，真是吉祥！"遂将年糕命名为"太阳糕"。

| 春祭 |

春分之日，很多家族会在祖祠举行祭祖仪式：杀鸡、做糍粑、做米馃、请鼓手、备祭品、烧火做饭等，准备祭祖宴。早饭用过，祭祖活动开始，主祭人就会随着司仪声声吆喝，带领众族人朝着祖先牌位频频叩首祭拜。

春祭其实就是在春天到来的时候，人们用隆重的仪式祭祀，希望在新的一年里国泰民安、风调雨顺，寄托了人们美好的向往。

粘雀子嘴

春分之日，民间多数人家要歇一天，不干农活，家家户户吃汤圆。除了家里人吃的汤圆外，还要做二三十个不用包心的汤圆并煮好，用细竹叉扦着置于室外田边地坎，名曰粘雀子嘴。传说田间地头放了粘雀子嘴，雀子老远看见了就会吓得飞跑了，不会破坏庄稼了。

放风筝

春分时节也是人们放风筝的好日子，五颜六色的风筝，大的有两米长，小的也有两三尺长。放风筝的场地一般都有卖风筝的，也可以自己买材料现场制作。手里拿的，地上拉的，空中飞的，到处都是风筝，时而有风筝飞起，时而有风筝坠落。大人孩子齐上阵，处处洋溢着欢乐和春天的气息。

传统节日 花朝节

花朝节流行于东北、华北、华东、中南等地，又称"挑菜节"，简称"花朝"。一般于农历二月初二、二月十二或二月十五、二月二十五举行。相传该日是"百花生日"，花朝节时，民间举办赏花、种花、踏青和赏红等娱乐活动。

|蒸百花糕|

花朝节时，家家户户蒸百花糕。人们采摘新鲜的花瓣，和着糯米粉，与家人一起动手做，更有节日气氛。做好后，邻里之间互相馈赠，增进友情。

|吃撑腰糕|

撑腰糕，其实就是糯米做的糕，即用糯米粉制作成扁状、椭圆形，中间稍凹，如同人腰状的塌饼。上海、浙江等地在花朝节家家蒸食年糕，以求腰板硬朗，耐得住劳作，故称"撑腰糕"。

|唱山歌，求恋情，歌颂百花仙子|

壮族的花朝节一般选在有高大木棉树（民间认为百花仙子常住在木棉树中）的地方举行。青年男女们穿着民族盛装，从四面八方云集而来，怀揣五色糯饭、糍粑或粽子等食品，带上为心爱之人准备的头巾、千针底新鞋等礼物。他们对唱山歌，求恋情，同时歌颂百花仙子的圣洁、美丽。唱到情深意浓，女子便带着无限的柔情，将绣球抛向自己的心上人。男子所得绣球不带回家，等日落分手时，从四周把绣球向木棉高枝抛去，以求百花仙子保佑双方永结同心。

经典谚语

不过春分不暖，不过夏至不热。	春分前雷雨水多。
吃了春分饭，一天长一线。	春分前冷，春分后暖；春分前暖，春分后冷。
春不分不暖，夏不至不热。	春分秋分，昼夜平分。
春分不冷清明冷。	春分日，植树木。
春分不暖，秋分不寒。	春分无雨莫耕田，秋分无雨莫种园。
春分吹南风，麦子加三分。	春分西风多阴雨。
春分春分，百草返青。	春分秧壮，夏至菜黄。
春分春分，犁耙乱纷纷。	春分阴雨天，夏季雨不歇。
春分大风夏至雨。	春分有雨病人稀，五谷稻作处处宜。
春分瓜，清明麻。	春分有雨到清明，清明下雨无路行。

春分农事三注意

防冻防旱

防"倒春寒"

排涝防洪

清明

气清景明，祭祖踏青

清明时节，气温转暖，草木萌动，天气清澈明朗，万物欣欣向荣。自从进入春天以来，"立春"春意萌发，迎来"雨水"，到"惊蛰"地气回升，蛰虫始出，进入到"春分"的滚滚春雷，到达"清洁而明净"的清明时节，历经了两个月的时间。这时春天的景色是阳光明媚，柳绿桃红，群山如黛，百鸟啼鸣，生机无限。

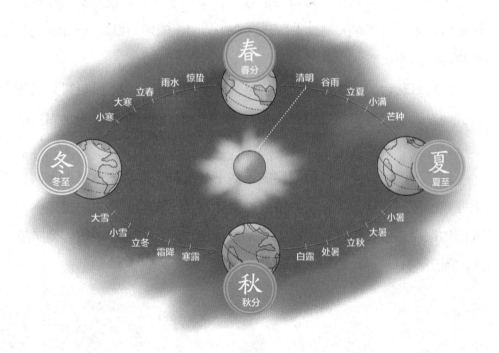

清明三候

初候，桐始华
二候，田鼠化为鴽（rú），
牡丹华
三候，虹始见

清明时节，大江南北、长城内外，到处是一片春耕繁忙的景象。这个节气，春阳照临，自古以来，我国就有清明植树的习惯。

相传汉高祖刘邦因多年在外征战，无暇回故乡，直到他做了皇帝之后才回乡祭祖。但是墓园由于常年战乱，无人打理，长满荒草；墓碑东倒西歪，有的断落，有的破裂，碑文无法辨认。直到黄昏，才在群僚的帮助下在乱草丛中找到父母破旧的墓碑，于是便命人修坟立碑，并植以松柏做标志。恰巧这天是二十四节气中的清明，刘邦便根据儒士的建议，将清明定为祭祖节。

此后每逢清明，刘邦都要举行盛大的祭祖、植树活动。后来此习流传民间，人们便将清明祭祖与植树结合在一起，逐渐形成了一种固定的民俗。

到了唐代，清明踏青与插柳的民俗十分盛行。插柳原意是指人们身上插戴柳枝的一种行为，但在田野踏青和坟茔（yíng）祭祖的过程中，人们往往会将柳枝往坟头或地上一插，柳便成活，无意之中也起到了植树的作用。

节气诗文

清明
唐·杜牧

清明时节雨纷纷，路上行人欲断魂。

借问酒家何处有？牧童遥指杏花村。

寒食日题杜鹃花
唐·曹松

一朵又一朵，并开寒食节。

谁家不禁火，总在此花枝。

传统习俗

| 祭扫 |

清明节是传统的纪念祖先的节日，其主要形式是祭祖扫墓。

清明祭祖除扫墓的"山头祭"外，后世还有祠堂祭，称为"庙祭"。皇家则建立自己的祖祠，比如明朝、清朝的祖祠称太庙，就是现在天安门东边的劳动人民文化宫。

按照旧的习俗，扫墓时，人们要携带酒食果品、纸钱等物品到墓地，将食物供祭在亲人墓前，再将纸钱焚化，为坟墓培上新土，再折几根嫩绿的柳枝插在坟上，还要在上边压些纸钱，让他人看了知道此坟尚有后人，然后叩头行礼祭拜，最后吃掉酒食或者收拾供品打道回府。

|拔河|

拔河为人数相等的双方各执绳一端进行角力的体育活动。拔河在我国有悠久的历史，兴起于春秋后期，盛行于军旅之中，后来流传到民间。拔河最早叫"牵钩""钩强"，唐朝开始叫"拔河"。

据说唐玄宗时曾在清明举行大规模的拔河比赛。从那时起，拔河便成为清明习俗，并流传至今。

拔河运动简单、易学、易行，参与面广，参加人数多，是最能体现团结拼搏、健康向上的精神风貌和团队精神的体育运动项目之一，非常适合作为全民健身形式普及和推广。

|蹴鞠|

蹴鞠本来特指一种古老的皮球，球面用皮革做成，球内用毛塞满。

由于蹴鞠运动的影响逐渐广泛，蹴鞠也就成了蹴鞠运动的代名词。蹴鞠是古代清明节时人们喜爱的一种游戏。

2004 年年初，国际足联确认足球发源于中国，蹴鞠是有史料记载的最早的足球活动。《战国策》描述了两千多年前的春秋时期，齐国都城临淄举行蹴鞠活动；《史记》记载了蹴鞠是当时训练士兵、考查兵将体格的方式之一。

｜荡秋千｜

清明节荡秋千是由来已久的风俗。秋千的历史相当古老，最早叫千秋，后为了避及某些方面的忌讳，改为秋千。那时的秋千用绳索悬挂于木架上，下栓踏板，后来发展为用两根绳索加上踏板的秋千。荡秋千不仅可以锻炼身体，还可以提高胆量。荡秋千传承至今，还为人们所喜爱。

传统节日 清明节和寒食节

　　清明节在仲春与暮春之交。中国汉族传统的清明节大约始于周代，已有两千五百多年的历史。由于寒食节与清明节日期相近，自唐代以后，与祭祀祖先亡灵以及郊游扫墓活动逐渐融会成为一个节日，民间也有把清明节称为寒食节、禁烟节的，甚至还有"寒食清明"的说法。因此，寒食节和清明节一样，也有荡秋千、蹴鞠等丰富多彩的娱乐活动。

｜清明蛋｜

　　清明吃鸡蛋，已经有上千年的历史了，这一习俗在隋唐时期最为盛行。吃鸡蛋源于古代的上祀节，人们为了婚育求子，将各种禽蛋如鸡蛋、鸭蛋、鸟蛋等煮熟并涂上各种颜色，称之为"五彩蛋"，并将五彩蛋投入河里，顺水冲下，让下游的人争相捞取、剥皮而食，认为食后便可孕育。现在清明节吃鸡蛋象征团圆，在一些地方，清明吃鸡蛋同端午节吃粽子、中秋节吃月饼一样重要。

　　清明蛋有"画蛋"和"雕蛋"两种，"画蛋"是在蛋壳上染上各种颜色，"雕蛋"则是在蛋壳上雕镂彩画。民间还流行一种说法，扫墓时将白煮蛋在墓碑上打碎，蛋壳丢在坟上，象征"脱壳"，表示生命更新，希望后代子孙皆出人头地。

| 踏青 |

踏青又称春游，古时叫探春、寻春等。这一习俗传说远在春秋战国时期已形成，也有说始于魏晋。

清明时节，春暖花开，万物复苏，正是春游踏青的好时候。清明踏青除了登山临水、游览春色之外，人们还同时开展了各式各样的体育娱乐活动，诸如放风筝、荡秋千、蹴鞠、拔河等，内容更为丰富。

| 禁火、吃冷食 |

寒食节亦称"禁烟节""冷节""百五节"，在清明节前一两日。寒食节家家禁止生火，都吃冷食。

寒食节最早源于远古时期人类对火的崇拜。

每到初春季节，气候干燥，不仅人们保存的火种容易引起火灾，而且春雷也易引起山火。所以古人在这个季节要进行隆重的祭祀活动，把上一年传下来的火种全部熄灭，即"禁火"，然后重新钻燧取出新火，作为一年生产与生活的新起点，称为"改火"或"请新火"。

寒食节禁火吃冷食的习俗，还源于纪念春秋时晋国介子推。当时介子推与晋文公重耳流亡列国，割股（大腿）肉供晋文公充饥。文公复国后，分封时却忘记介子推。介子推不求利禄，与母亲归隐绵山。后晋文公焚山以求之，介子推坚决不出山，与其母抱树而死。文公深为痛惜，厚葬子推母子，为介子推修祠立庙，并下令于介子推焚死之日全国禁火寒食，以寄哀思，后相沿成俗。

清明要晴，谷雨要雨

　　清明时期，各种农作物的种子都需要一定的气温或地温才能发芽出苗。这段时间如果天气晴好，气温、地温势必较高，出苗较快。若遇上阴雨天气，甚至"倒春寒"，气温下降，气温太低，农作物的种子发芽出苗则会有困难，所以说"清明要晴"。

　　谷雨时节过后，各种春播农作物正值幼苗期，它们扎根发苗需要充足的水分，因此便是"谷雨要雨"。

谷雨，顾名思义就是播谷降雨。每年阳历 4 月 19 日至 21 日，当太阳到达黄经 30°时为谷雨。谷雨是春季最后一个节气，谷雨节气的到来意味着寒潮天气基本画上句号，气温攀升的速度不断加快。

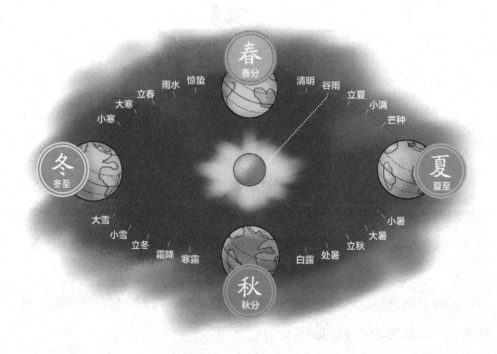

谷雨三候

初候，萍始生

二候，鸣鸠拂其羽，飞而

　　　两翼相排，农急时也

三候，戴胜降于桑

节气诗文

渔歌子

唐·张志和

西塞山前白鹭飞，桃花流水鳜（guì）鱼肥。

青箬（ruò）笠，绿蓑衣，斜风细雨不须归。

传统习俗

| 赏牡丹 |

牡丹盛开时节正值谷雨，所以人们又将牡丹花称为"谷雨花"，并衍生出"谷雨赏牡丹"的习俗。河南洛阳是牡丹的故乡，洛阳牡丹甲天下，每逢牡丹花会，无数游客云集洛阳观赏牡丹花开。凡有牡丹花之处，就有人游观。也有在夜间垂幕悬灯、宴饮赏花的，俗称"花会"。

| 洗"桃花水"澡 |

在西北地区,旧时,人们将谷雨的河水称为"桃花水"，传说以它洗浴，可消灾避祸，大富大贵。

喝谷雨茶

谷雨茶，是谷雨时节采制的春茶，据说喝谷雨茶能清火、辟邪、明目。因此，谷雨这天无论天气多恶劣，茶农们都会去采摘一些新茶回来加工成谷雨茶喝，以祈求健康。

禁杀五毒

谷雨时节，病虫害迅速繁衍，为了减轻病虫害对作物及人的伤害，农家一边进田灭虫，一边张贴谷雨帖，进行驱凶纳吉的祈祷。

走谷雨

谷雨时节还有个风俗，这天人们走村串亲，相互探望，或者到野外散散步，寓意与自然相融合，强身健体，称作"走谷雨"，注重养生的同时也祈祷风调雨顺。

| 祭海 |

　　谷雨对于渔民而言，是一个十分重要的时节。这时正值春海水暖，百鱼行至浅海地带，是下海捕鱼的好日子。为了能够出海平安、满载而归，谷雨这天渔民要举行隆重的海祭，祈求海神保佑渔民。所以，谷雨节也被称作渔民出海捕鱼的"壮行节"。

传统节日 上巳（sì）节

　　上巳节是中国古老的传统节日，俗称三月三，该节日在汉代以前定为三月上旬的巳日，后来固定在夏历三月初三。上巳节又名元巳、除巳、上除。春秋时的郑国，人们每到这一天，会在溱（zhēn）、洧（wěi）两水之上秉执兰草，招魂续魄，进行祓（fú，古时一种除灾求福的祭祀）除不祥的祓禊（xì）活动。

曲水流觞

曲水流觞（shāng，古代酒器）又称作"九曲流觞"，是中国古代流传的一种饮酒作诗的游戏。上巳节人们举行祓禊仪式之后，大家坐在河渠两旁，在上游放置觞，觞顺流而下，停在谁的面前，谁就取觞饮酒，意为除去灾祸不吉。木觞可以浮于水上，另有一种陶制的杯，两边有耳，称为"羽觞"，羽觞比木杯重，玩时放在荷叶或木托盘上。

曲水流觞的来历有一个千古佳话。据说永和九年（353年）三月初三上巳日，晋代有名的大书法家、会稽内史王羲之偕亲朋谢安、孙绰等共42人，在兰亭修禊后，举行饮酒赋诗的"曲水流觞"活动。这次活动作诗37首，活动中，有11人各成诗两篇，15人各成诗一篇，16人作不出诗，各罚酒三觥（gōng，古代酒器）。王羲之将大家的诗集起来，

挥毫作序，乘兴而书，写下了举世闻名的《兰亭集序》。这次上巳修禊，诞生了天下第一行书，还为后世形成了一道独特的文化景观，王羲之也被人尊为"书圣"。

晋代以后，上巳节举办的"曲水流觞"活动逐渐流传到民间。到了清代，宫廷中只能在亭子里举行，亭内地面上人工筑造一条弯曲折绕的流水槽，众人环坐槽边，浮杯于上，做曲水流觞的游戏，称为"流杯亭"。如今北京潭柘寺、故宫等处都还保留有"流杯亭"的建筑。清代以后这个习俗逐渐消失。

经典谚语

吃过谷雨饭，晴雨落雪要出畈（fàn）。	谷雨下谷种，不敢往后等。
谷雨花大把抓，小满花不回家。	谷雨阴沉沉，立夏雨淋淋。
谷雨麦怀胎，立夏长胡须。	谷雨有雨好种棉。
谷雨有雨兆雨多，谷雨无雨水来迟。	谷雨前后，撒花点豆。
谷雨前后一场雨，胜似秀才中了举。	谷雨南风好收成。
谷雨前后栽地瓜，最好不要过立夏。	谷雨麦挺直，立夏麦秀齐。

夏

立夏
小满
芒种
夏至
小暑
大暑

立夏

告别春天，进入夏天

立夏是一年中的第七个节气，每年阳历的 5 月 5 日至 7 日，太阳到达黄经 45°，叫"立夏"节气。"夏"是"大"的意思，每年到了此时，春天播种的植物都已经长大，所以叫"立夏"。战国末年就已经确立了"立夏"这个节气，它预示着季节的转换，是古时按农历划分的四季——夏季开始的日子。

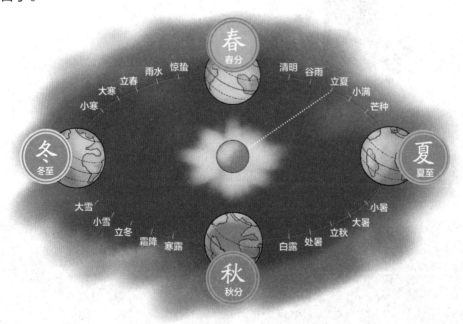

立夏三候

初候，蝼蝈鸣

二候，蚯蚓出

三候，王瓜生

初夏时节，蝼蛄、蝈蝈、青蛙等动物开始在田间、塘畔鸣叫觅食。

由于此时地下温度持续升高，蚯蚓由地下爬到地面呼吸新鲜空气。

王瓜（也叫土瓜）这时已开始长大成熟了，人们可采摘，并相互馈赠。

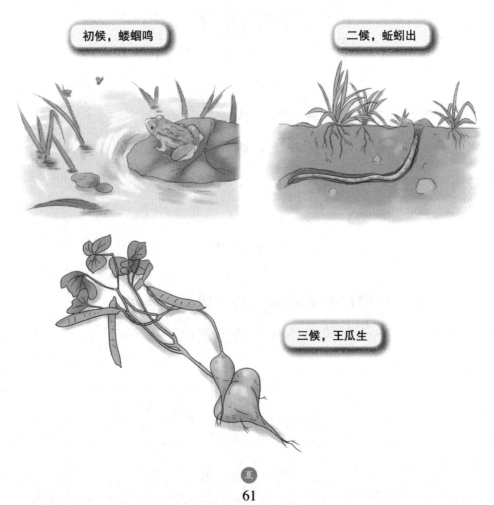

初候，蝼蝈鸣

二候，蚯蚓出

三候，王瓜生

节气诗文

小池
南宋·杨万里

泉眼无声惜细流，树阴照水爱晴柔。

小荷才露尖尖角，早有蜻蜓立上头。

山亭夏日
唐·高骈

绿树阴浓夏日长，楼台倒影入池塘。

水晶帘动微风起，满架蔷薇一院香。

传统习俗

|迎夏|

立夏对现代人来说，不过是一个节气，表明春天结束，夏日由此开始。可是，古人却把立夏当作一个重要的节日来对待，即立夏节。

据史书记载，先秦时各代帝王在立夏这天，都要亲率文武百官到郊区举行隆重仪式迎接夏天。君臣一律穿朱红色礼服，佩朱红色玉佩，连马匹、车旗都要朱红色的，以表达对丰收的企求和美好的愿望。回来后

还要赏赐诸侯百官，令乐师教授礼乐，令太尉引荐勇武、推荐贤良，并令主管田野山林的官吏巡行天地平原，代表天子慰劳勉励农人抓紧耕作。天子还要在农官献上新麦时，献猪到宗庙，举行尝新麦的礼仪。到了明代，皇帝还会将去年冬日储藏的冰块拿出来分发给群臣，是为"立夏日启冰，赐文武大臣"。

在民间，立夏日人们则以喝冷饮来消暑这种迎夏仪式，表达了古人渴求五谷丰登的美好愿望。但后来，随着时代的变迁，天子在立夏这天迎夏的习俗并没有流传下来。

| 尝三新 |

立夏时节民间有"尝三新"的饮食风俗。"三新"的内容，各地均不相同。有指竹笋、樱桃、梅子，有指樱桃、青梅、麦仁，也有指竹笋、樱桃、蚕豆的。总之，就是要在立夏时节，吃上时令新鲜的食物。

| 吃立夏饭 |

立夏这一天，很多地方的人用黄豆、黑豆、赤豆、绿豆、青豆五色豆和白粳米煮成"五色饭"，后演变为倭（wō）豆肉煮糯米饭，菜为苋菜黄鱼羹，称此为吃"立夏饭"。

南方大部分地区的立夏饭都是糯米饭，饭中掺杂豌豆。桌上必有煮鸡蛋、春笋、带荚豌豆等特色菜肴。立夏以后便是炎炎夏天，为了不使身体在炎夏中亏损消瘦，立夏应该进补。春笋形如人腿，寓意人的双腿也像春笋那样健壮有力，能走远路。带荚豌豆形如眼睛，古人患眼疾的很多，人们为了消除眼疾，以吃豌豆来祈祷眼睛像新鲜的豌豆那样清澈，无病无灾。吃立夏饭，有祈愿一年到头身体健康的寓意。

| 吃蛋 |

立夏前一天，很多人家里就开始煮"立夏蛋"，一般用茶叶或胡桃壳煮，看着蛋壳慢慢变红，满屋香喷喷。

立夏吃蛋的习俗由来已久。俗话说："立夏吃了蛋，热天不疰（zhù）夏。"古人认为，鸡蛋圆圆溜溜，象征生活的圆满，立夏日吃鸡蛋能祈祷夏日的平安，使人经受"疰夏"的考验。

经典谚语

立夏落雨，谷米如雨。	立夏到小满，种啥也不晚。
立夏不热，五谷不结。	立夏无雨农人愁，到处禾苗对半收。
立夏日晴，必有旱情。	立夏东南风，农人乐融融。
立夏不下雨，犁耙高挂起。	立夏小满，河满缸满。
立夏日下雨，夏至少雨。	立夏小满青蛙叫，雨水也将到。
立夏到夏至，热必有暴雨。	立夏刮阵风，小麦一场空。
立夏蛇出洞，准备快防洪。	立夏无雨三伏热，重阳无雨一冬晴。

|夏三朝遍地锄|

立夏以后，由于气温升高，农田里杂草容易丛生，每隔三五天就要锄草一次，否则就不好锄了，因此，人们常说"夏三朝遍地锄"。部分地区也用"一天不锄草，三天锄不了"的谚语来说明这种情况。

小满

作物饱满，田地水满

小满是一年二十四节气中的第八个节气。二十四节气的名称多数可以从字面上加以理解，但是"小满"听起来有些令人难以理解。实际上是这个时节自然界的植物比较茂盛、丰满了，麦类等夏收作物的籽粒开始饱满，但还不到最饱满的时候，小满由此得名。每年阳历 5 月 20 日至 22 日当太阳到达黄经 60° 时为小满。

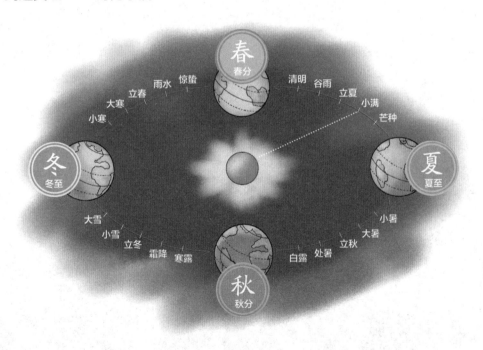

小满三候

初候，苦菜秀

二候，靡草死

三候，麦秋至

　　小满时节，苦菜已经枝叶繁茂，而喜阴的一些枝条细软的草类在强烈的阳光下开始枯死。虽然时令还是夏季，但对于麦子来说，却到了成熟的季节。

　　小满时节我国大部分地区气温高、湿度大。从气候特征来看，在小满节气到芒种节气期间，全国各地都渐次进入了夏季，南北温差进一步缩小，降水进一步增多。

节气诗文

乡村四月

南宋·翁卷

绿遍山原白满川，子规声里雨如烟。

乡村四月闲人少，才了蚕桑又插田。

四时田园杂兴

南宋·范成大

梅子金黄杏子肥，麦花雪白菜花稀。

日长篱落无人过，唯有蜻蜓蛱蝶飞。

《四时田园杂兴》之一，写的是初夏江南的田园景色。

诗的前两句选用了几种农作物，充分运用色彩描写与情态刻画，准确地写出了乡间在春末夏初时草木茂盛、农作物欣欣向荣的美丽景致。

后两句则从侧面写出了农民劳动的情况：初夏农事正忙，农民早出晚归，所以白天很少见到行人，连篱笆前都少有人经过，只有蜻蜓、蛱蝶等飞来飞去，完全是一派优美平和的田园风光，宁静安详。

传统习俗

|祭蚕|

因相传小满节气是蚕神的诞辰，所以江浙一带在小满期间有一个祈蚕节。我国农耕文化以"男耕女织"为典型，女织的原料北方以棉花为主，南方以蚕丝为主。蚕丝需靠养蚕结茧抽丝而得，所以我国南方尤其是江浙一带养蚕极为兴盛。

蚕是应被娇养的"宠物"，没有一定的经验一般很难养活。气温、湿度，

桑叶的冷、热、干、湿等均会影响蚕的生存。由于蚕难养，古代人便把蚕视作"天物"。人们在四月放蚕时节举行祈蚕节，是为了祈求"天物"的宽恕和养蚕有个好的收成。

祈蚕节由于没有固定的日子，因此各家在哪一天"放蚕"便在哪一天举行，但前后差不了两三天。南方许多地方建有"蚕娘庙""蚕神庙"，养蚕人家在祈蚕节均到"蚕娘""蚕神"前跪拜，供上酒、水果、丰盛的菜肴。特别要用面粉制成茧状，用稻草扎一把稻草山，将面粉制成的"面茧"放在上面，以象征蚕茧丰收。

捻捻转儿

小满前后人们所吃的一种节令食品是"捻捻转儿"。因为"捻捻转儿"与"年年赚"谐音，寓意吉祥，所以很受人们的喜爱。

小满前后，人们把籽粒壮足、刚刚硬粒还略带柔软的大麦麦穗割回家，搓掉麦壳，用筛子、簸箕等把麦粒分离出来，然后用锅炒熟，将其放入石磨中磨制，石磨的磨齿中便会出来缕缕长约寸许的面条，纷纷掉落在磨盘上。人们将这些面条收起，放入碗中，加入黄瓜丝、蒜苗、麻酱汁、

蒜末，就做成了清香可口、风味独特的"捻捻转儿"。这种面条可凉吃，也可在面条内先倒入少量开水，再拌入调味料。没有大麦的人家，有时也用小麦麦穗制作。

｜油茶面｜

小满前后人们所吃的另一种节令食品是"油茶面"。

小满过后，农民最高兴的事就是能够吃到当年的新面。这时，人们会把已经成熟的小麦割回家中，磨成新面，把面粉放入锅内，用微火炒成麦黄色，然后取出。再在锅中加入香油，用大火烧至油将冒烟时，立即倒入已经炒熟的面粉，搅拌均匀。最后，将黑芝麻、白芝麻用微火炒

出香味；核桃炒熟去皮，剁成细末，连同瓜子仁一起倒入炒面中拌匀即成。食用时用沸水将"油茶面"冲搅成稠糊状，然后放上适量的白糖和糖桂花汁搅匀即可。也可以根据自己的喜好在"油茶面"中加入盐或其他调味品食用。

| 求雨 |

小满时节气温高，农作物需水量大，人们便要求雨，各地都有求雨之风。古时求雨，多以"龙"为对象，反映了原始信仰对龙的崇拜。其仪式有请龙、晒龙（把龙王塑像抬出来曝晒）、还龙（举行龙会送其还庙）等。

后来，有些地方也向"关公"等求雨。总之，民间各地组织的求雨活动，都是期盼能够早日下雨，以解农作物急需雨水的燃眉之急。

| 吕祖诞 |

吕祖诞是民间的传统纪念日。相传吕祖吕洞宾生于农历四月十四，故此日称"吕祖诞"或"神仙生日"。

据史载，吕洞宾是唐末五代时的道士，姓吕名喦（yán），号纯阳，自称回道人。相传他年少时熟读经史却屡试不第，于是浪迹江湖。后在庐山遇火龙真人，在长安酒肆中偶遇钟离权，在这两人的点拨教导下，得传"大道天遁剑法，龙虎金丹秘文"，一百多岁时仍然童颜不改，且步履轻盈，健步如飞，仿若神仙。全真道教奉其为五祖之一，故称其为"吕祖"。

在其诞日，许多地方要举办吕祖庙会，庙会期间有一定的商贸、游玩活动。有一些地方在吕祖诞这一天还有种植千年蒀的习俗。千年蒀即万年青，因"蒀"与"运"同音，故用以祝吉。

药王诞

民间俗传农历四月二十八是药王的生日，届时要举行祭祀、举办药王庙会等活动，以贺药王生日。

我国在不同时代、不同地区流行的药王形象并不一致，神话传说中的伏羲、神农都被奉为"药王"，此外还有黄帝、扁鹊、华佗、李时珍等，但最著名的药王是唐代的孙思邈。他著有《千金要方》《千金翼方》，宋徽宗曾封其为"妙应真人"。

| 抢水 |

"抢水"是旧时民间的农事习俗。流行于浙江海宁一带。水车一般于小满时节启动。在水车启动之前，农户以村落为单位举行"抢水"仪式。举行这种仪式时，一般由年长执事者召集各户，在确定好的日期的黎明时分燃起火把，在水车基上吃麦糕、麦饼、麦团，待执事者以鼓锣为号，群人以击器相和，踏上小河边上事先装好的水车，数十辆一齐踏动，把河水引灌入田。"抢水"表明了人们对水利排灌的重视。

大麦不过小满，小麦不过芒种。	小满暖洋洋，锄麦种杂粮。
小麦到小满，不割自会断。	小满青粒硬，收成方可定。
小满不满，高田不管。	小满前后，种瓜种豆。
小满不满，黄梅不管。	小满三天遍地锄。
小满不满，芒种开镰。	小满桑葚黑，芒种小麦割。
小满不满，无水洗碗。	小满山头雾，大麦好烂糊。
小满不下，黄梅雨少。	小满十八天，不熟白干。
小满不种花，种花不回家。	小满十八天，青麦也成面。
小满吃水，大满吃米。	小满十日见白面。
小满割不得，芒种割不及。	小满天天赶，芒种不容缓。
过了小满十日种，十日不种一场空。	小满打火夜插田，芒种插田分上下。

写给孩子的
二十四节气
76

芒种

梅雨茫茫，田间繁忙

每年的阳历 6 月 5 至 7 日，太阳到达黄经 75° 就是芒种。俗话说"春争日，夏争时"，"争时"即这个忙碌的时节最好的写照，从字面上理解，"芒"是指有芒的作物，如大麦、小麦。"种"有两个意思，一是种子的"种"，一是播种的"种"。在北方大部分地区，芒种是晚谷、黍、稷等农作物播种的繁忙季节。

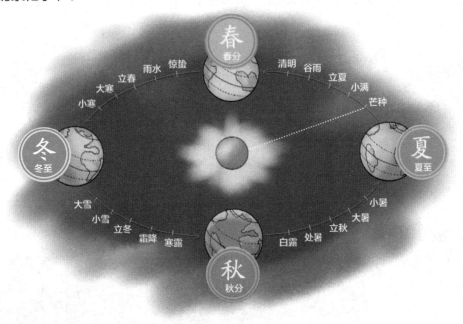

芒种三候

初候，螳螂生

二候，鵙始鸣

三候，反舌无声

　　在古代，人们将芒种分为三候。在这一节气中，螳螂在上一年深秋产的卵破壳生出小螳螂，喜阴的伯劳鸟在枝头出现，并且开始鸣叫，而能够学习其他鸟鸣叫的反舌鸟在这时则停止了鸣叫。

　　芒种期间，我国江淮流域的雨量增多，气温升高，在初夏会出现一种连绵的阴雨天气，空气非常潮湿，天气异常闷热，日照少，有时还伴有低温。各种器具和衣物容易发霉，一般人称这段时间为"霉雨季节"。又因为此时正是江南梅子成熟之时，所以也称之为"梅雨天"或"梅雨季节"。

节气诗文

南芒种后积雨骤冷·其三
南宋·范成大

梅霖（lín）倾泻九河翻，百渎交流海面宽。

良苦吴农田下湿，年年披絮插秧寒。

诗中的"梅霖"即梅雨，久下不停的雨为"霖"。"九河"为古代黄河下游支脉的总称。"百渎"，指很多条河流大川。这首诗写的是芒种后，阴雨连绵不止，河满沟平，农民冒着寒冷插秧的忙碌画面。

村晚
南宋·雷震

草满池塘水满陂（bēi），山衔落日浸寒漪（yī）。

牧童归去横牛背，短笛无腔信口吹。

传统习俗

|送花神|

芒种已近五月间，芒种过后便是夏日，百花开始凋零，花神退位，故民间多在芒种日举行隆重的祭祀花神仪式。饯送花神归位，盼望来年再次相会。

| 斗草 |

"斗草"是流行于中原和江南地区的一种民间游戏，在魏晋南北朝时期就已经出现了。起源无从考证，今人普遍认为与中医药学的产生有关，源于采集百草为药的活动。

"斗草"一般用草做比赛对象，主要有两种斗法。一种是"文斗"，即众人采到花草后聚到一起，一人报出自己的花草名，其他人各以手中的花草来对答，谁采的草种多，对答的水平高，坚持到最后，谁就是赢家。另一种是"武斗"，即比赛双方先各自采摘具有一定韧性的草，最好是车前草，然后相互交叉成"十"字状，并各自用力拉扯，以草不断的一方为获胜者。

|送扇子|

传说端午节送扇子的习俗与唐太宗有关，据史料记载，贞观十八年（644年）五月初五，唐太宗对长孙无忌等人说："五日旧俗，必用服玩相贺。今朕赐诸君飞白扇二枚，庶动清风，以增美德。"唐太宗在端午节赐扇子给臣下，其意是鼓励他们扇动清廉之风。此后，五月初五送扇子成为风尚，到了宋代乃至明清时期都一直有这个倡廉传统习俗。时至今日，很多地方仍保留着端午节送扇子的习俗。

传统节日 端午节

每年农历的五月初五为端午节，"五"与"午"相通，"五"又为阳数，故又称端阳节、午日节、五月节、艾节、端午、重午、夏节等，它是我国的传统节日，大多数年份的端午节都在芒种节气期间。虽然名称不同，但各地人民过节的习俗是相同的。端午节是我国延续了两千多年的旧习俗，每到这一天，家家户户都悬钟馗像、挂艾叶及菖蒲、吃粽子、赛龙舟、饮雄黄酒、佩香囊、游百病、备牲醴等。

端午节的来历，耳熟能详的说法就是纪念屈原。相传，屈原投汨罗江后，当地百姓闻讯马上划船捞救，一直行至洞庭湖，始终不见屈原的尸体。那时，恰逢雨天，湖面上的小舟一起会集在岸边的亭子旁。当人们得知是为了打捞贤臣屈大夫时，再次冒雨出动，争相划进茫茫的洞庭湖。为了寄托哀思，人们荡舟江河之上，此后才逐渐发展成为龙舟竞赛。百姓们又怕江河里的鱼吃掉他的身体，就纷纷回家拿来米团投入江中，以免鱼虾伤害屈原，后来就成了吃粽子的习俗。

悠久的历史使得端午节的礼俗活动缤纷异彩，时至今日，端午节仍是我国人民心中一个十分重要的节日。

赛龙舟

每逢端午节都会举行赛龙舟活动。龙舟船头装有各式木雕龙头，色彩绚丽，形态各异，开赛号令一响，船员齐力划桨，奋勇争先。

人们在划龙舟时，往往以唱歌助兴。如湖北秭归赛龙舟时就有完整的唱腔、词曲，根据当地民歌与号子融汇而成，歌声雄浑壮美，扣人心弦，且有"举楫而相和之"的遗风。

｜吃粽子｜

端午节的经典食品是粽子，每年农历五月初五，家家户户都要浸糯米、洗粽叶、包粽子。粽子花样繁多，口味南北各异。

｜长命缕｜

长命缕又名"续命缕""五色丝"，用红、黄、蓝、绿、紫五种颜色（有的地方为红、黄、绿、白、黑或红、黄、蓝、白、黑）的线搓成彩色线绳或做成日、月、星、花、鸟、兽等的形状。端午当天，父母会把五色的长命缕系在孩子的手腕或脖颈上，希望孩子们能够健康成长，免除瘟病。

｜戴香包｜

香包是古代端午节时人们必戴的装饰品，又称香囊、香袋、荷包等，有用五色丝线缠成的，有用碎布缝制的，内装香料。戴香包颇有讲究，意蕴丰富，比如戴荷花香包寓意鸟语花香，戴彩蝶香包寓意比翼双飞。

挂艾草、菖蒲、榕枝

端午节时，人们用红纸将菖蒲、艾草、榕树枝绑成一束，插或悬在门上。菖蒲被视为天中五瑞之首，象征驱除不祥的宝剑，古人认为将其插在门上可以辟邪。艾草在我国古代就一直是药用植物，人们认为插在门口可使身体健康。民间也有在房前屋后栽种艾草求吉祥的习俗。榕树枝的意义是祈求身体矫健。

也有地方习俗是挂石榴、大蒜或山丹，认为大蒜可以除邪治虫毒。

吃茶蛋、腌蛋

在许多地方，端午节吃的重要食品还有鸡蛋、鸭蛋，江西南昌地区端午节就要煮茶蛋和盐水蛋吃。蛋壳涂上红色，用五颜六色的网袋装着，挂在小孩子的脖子上，意思是祝福孩子能够逢凶化吉，平安无事。

在浙江、山东等地，端午节这一天，家里的主妇清晨就将事先准备好的大蒜和鸡蛋放在一起煮，供一家人早餐时食用。有的地方，还在煮大蒜和鸡蛋时放几片艾叶，认为吃了可以明目。在山东曲阜、邹县一带，称鸡蛋为"龙蛋"。在河南，主妇们早上将鸡蛋煮熟后，放在孩子的肚皮上滚几下，然后去壳让孩子吃掉。据说这样可以免除孩子的灾祸，日后孩子也不会犯肚子疼。

| 饮雄黄酒 |

雄黄是一种中药药材，也可以用作解毒剂、杀虫药。古代人认为雄黄可以克制蛇、蝎等百虫，一些地方在端午节时有饮雄黄酒的习俗。人们将雄黄倒入酒中饮用，并用雄黄酒在小孩儿额头画"王"字，以雄黄驱毒，借猛虎镇邪。

传说屈原在投江以后，百姓为了避免屈原的尸体被江里的鱼龙所伤，纷纷把粽子、咸蛋抛入江中。有一位老医生拿来了一坛雄黄酒倒入江中，说可以药晕鱼龙，保护屈原。一会儿，水面果真浮起一条龙。于是，人们把这条龙拉上岸，抽其筋，剥其皮，之后又把龙筋缠在孩子们的手腕和脖子上，再用雄黄酒抹七窍，认为这样便可以使孩子免受虫蛇伤害。据说这就是端午节饮雄黄酒的来历。

采百药

采百药，又叫"采百草"，民间节日风俗，流行于全国各地。农历五月正是天气炎热、疾病多发的季节，很多毒蛇害虫在此时期开始繁殖活跃起来，容易给人造成危害。为了防御疾病，保持健康，到了端午之时，人们纷纷上山采集各种草药。采来的草药除在端午节用于饮食、沐浴、熏烟的物品和门饰外，还有的地方将百草晒干后收藏备用。

经典谚语

过了芒种不种稻,过了夏至不栽田。	芒种忙收，日夜不休。
雷打芒种，稻子好种。	芒种芒种，样样都忙。
麦到芒种谷到秋，寒露以后刨红薯。	芒种晴天，夏至有雨。
芒种不下雨，夏至十八河。	芒种热得很，八月冷得早。
芒种不种，过后落空。	芒种日晴热，夏天多大水。
芒种地里无青苗。	芒种西南风，夏至雨连天。
芒种火烧天，夏至水满田。	芒种夏至忙，莫把烟草忘。
芒种夏至，杧果落蒂。	芒种夏至，水浸禾田。
芒种好节气，棒棒坠落地，落地就生根，生根就成器。	芒种夏至是水节，如若无雨是旱天。

夏至

夏日北至，白昼最长

在每年阳历的 6 月 21 日至 22 日，太阳到达黄经 90° 时，为夏至日。夏至这天，太阳直射地面的位置到达一年的最北端，几乎直射北回归线，北半球的白昼时间到达极限。在我国南方各地从日出到日落大多为 14 小时左右，越往北越长。如海南的海口市这天的日长 13 小时多一点，杭州市为 14 小时，北京约 15 小时，而黑龙江的漠河日长则可达 17 小时以上。

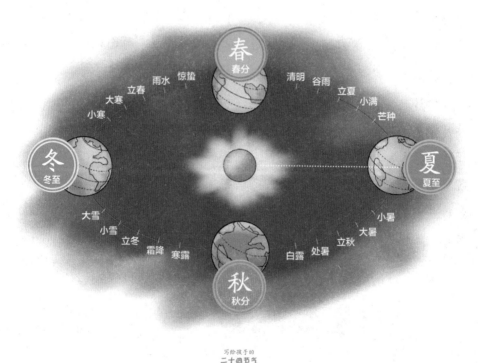

夏至三候

初候，鹿角解

二候，蜩始鸣

三候，半夏生

麋（mí）与鹿虽属同科，但古人认为，二者一属阴一属阳。鹿的角朝前生，所以属阳。夏至日阴气生而阳气始衰，所以阳性的鹿角便开始脱落。而麋因属阴，所以在冬至日角才脱落。

雄性的知了在夏至后因感阴气之生便鼓翼而鸣。

半夏是一种喜阴的药草，因其在仲夏的沼泽地或水田中生长而得名。

节气诗文

竹枝词
唐·刘禹锡

杨柳青青江水平，闻郎江上唱歌声。

东边日出西边雨，道是无晴却有晴。

传统习俗

| 品莲馔（zhuàn）|

古人在夏至节气这一天有品尝莲馔的习俗。馔是佳肴的意思，莲馔就是用莲花各部分做的食物。莲的花、叶、藕、子都是制作美味佳肴的上品。早在唐朝时，人们就有在观莲节吃绿荷包饭的习俗。

荷叶有一种特殊的清香味，因而被广泛用于制作食品，莲花、莲子自古就是制作食品的原料。宋朝人喜欢将莲花花瓣捣烂，掺入米粉和白糖蒸成莲糕食用；明清时则习惯将莲花花瓣制成荷花酒。宋朝的玉井饭和元朝的莲子粥都是以莲子为主要原料制作而成的美食。

时至今日，人们还十分喜爱食用莲子制成的美味补品。

| 两面黄 |

夏至时节所吃的一种节俗食品"两面黄"，是江苏省苏州市传统的面食名吃，它的做法和口味有很多种。大致的做法是：先将面条煮熟，捞出后用冷水冲凉，放入少许精盐和香油拌匀；然后将平底煎锅置火上，锅内放油抹匀，将煮好的面条摊平铺放在锅内，用大火将面条煎至呈金黄色翻面，将两面都煎黄，盛于盘中。然后根据自己的口味爱好，做好汤汁。比如用锅中的余油炒虾仁、肉丝、韭黄、香菇等，并加入适量的调味料，炒匀后盛出，将其淋在煎好的面饼上即可。

传统节日 夏至节

夏至节气，是先秦古人确立的四大节气（春分、夏至、秋分、冬至）之一，后来逐渐成为重要的民俗节日——夏至节。

由于夏至是农作物生长最快的时节，也是发生病虫害、水灾、旱灾最频繁的时期，这对于农作物来说，都是极为不利的。农作物受害的程度将直接决定粮食的丰歉。在古时，由于科技不发达，人们常在夏至节举行祭祀仪式，祈求禳（ráng）灾避邪，以求五谷丰登。

祭祀对象、祭祀仪式及供品也因地域不同、民族不同而多有差异。一般的祭祀对象多为祖先、土地神、水神等。因为祖先庇佑子孙，土地神主宰农作物的收获，水神主管降雨。早在周朝时，祭祀天地只是帝王的特权，平民百姓无权祭祀。土地祭仪式非常隆重，一般由帝王亲自主持，所有参加土地祭的王公大臣及神职人员都必须先行斋戒。随着时代的不断发展，土地祭也成了民间的一项重要活动。

| 求雨 |

正当南方担心夏至雨水过多时，多旱的北方则有求雨风俗，主要有京师求雨、龙灯求雨等，古时人们通过这些仪式祈求风调雨顺。

| 夏至面 |

我国民间自古以来，就有"冬至饺子夏至面"的说法，夏至吃面是很多地区的重要习俗。而这天为什么要吃面呢？有多方面的原因和说法。

一、用面条的长比拟夏至的长昼时间，正如我们在过生日的时候也吃面，为的是取一个好彩头。

夏至以后，正午太阳直射点逐渐南移，北半球的白昼长度日渐缩短，因此，民间有"吃过夏至面，一天短一线"的说法。

二、预示着三伏天即将来临。

气候上，夏至以后气温继续升高，再过二三十天就会迎来一年中最热的时候。古人通过各种途径来消暑度夏，其中最重要的一种方式就是丰富的节日饮食，如夏至面。早在魏晋时古人就有伏日吃"汤饼"的习俗，汤饼就是后世面条、面片汤的雏形。夏至过后就是三伏天，所以夏至面又叫作"入伏面"。

三、夏至新麦登场要尝新。

有人认为，夏至时，黄河流域夏收刚刚完毕，新麦上市，于是古人夏至吃面尝新，庆祝丰收。从气候和营养学上来说，夏至前后，气候炎热，潮闷多雨，人们常常食欲不振，消瘦憔悴，素有"疰夏"之扰。在饮食上，夏季宜多吃助消化类的杂粮，尤以清淡为好。由此而言，面条是最好的时令食品，热面可发汗去湿，凉面有降温祛火的功效；且面条制作简单，食用方便，其中所加各种蔬菜等的营养成分能被人体很好地吸收。

|伏日牛喝麦仁汤|

夏至节气这一天，山东临沂地区有给牛改善饮食的习俗。据说牛喝了麦仁汤，身子壮，能干活，不淌汗。

夏

|夏至戴枣花|

俗传夏至日女子头上戴枣花可避邪。每当夏至时节，树上的知了开始鸣叫，乡下枣花盛开，小星星似的米黄色枣花幽幽飘香。妇女们便一起去采集枣花，然后互相戴在头上。

传统节日 观莲节

我国每年农历六月二十四是观莲节，民间以此日为荷诞，即荷花的生日。宋代已有此节，明代俗称荷花生日。在江南水乡，这天是举家赏荷观莲的盛大民俗节日。泛舟赏荷，笙歌如沸，流传数代。

|放荷灯|

观莲节放荷灯是华夏民族的传统习俗。夏至时节的夜晚，人们乘着小船，在湖心放荷灯。荷灯随波逐流，闪闪烁烁，十分好看，表达了对逝去亲人的悼念和对活着人们的祝福。

| 观莲花 |

　　莲花，又称凌波仙子、风露佳人，它清新脱俗，独具风韵。早在宋代时起，每年的农历六月二十四日，民间便至荷塘泛舟赏荷、消夏纳凉，荡舟轻波，采莲弄藕。

经典谚语

爱玩夏至日，爱眠冬至夜。	夏至馄饨免疰夏。
长到夏至短到冬。	夏至见春天，有雨到秋天。
伏里锄一遍，赛过水浇园。	夏至进入伏里天，耕田像是水浇园。
谷雨好种姜，夏至姜离娘。	夏至落雨十八落，一天要落七八砣。
过了夏至节，夫妻各自歇。	夏至闷热汛来早。
立夏立不住，刮到麦不熟。	夏至食个荔，一年都无弊。

小暑

盛夏登场，伏天来临

我国每年阳历的 7 月 6 日至 8 日，太阳到达黄经 105° 时为小暑。从小暑开始，炎热的盛夏正式登场了。暑，即炎热的意思。小暑就是小热，意指极端炎热的天气刚刚开始，但还没到最热的时候。

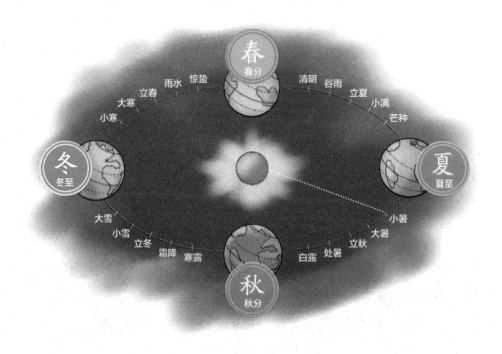

小暑三候

初候，温风至

二候，蟋蟀居壁

三候，鹰始挚

小暑时节，大地上不再有一丝凉风，所有的风中都带着热浪。蟋蟀离开了田野，到庭院的墙角下躲避暑热。老鹰也因地面气温太高而喜欢在清凉的高空中飞翔，开始学习击搏。

节气诗文

苦热（节选）
南宋·陆游

万瓦鳞鳞若火龙，日车不动汗珠融。

无因羽翮（hé）氛埃外，坐觉蒸炊釜甑（zèng）中。

这首诗描写的是小暑时节的酷热难耐，通过对景物的描写来烘托出天气的炎热。房屋上的瓦片在日光的照射下反射出粼粼的光，就如同一条火龙正横卧于屋舍之上，太阳横立当空，晒得人大汗淋漓，似乎连汗水都要融化了。诗人感叹自己没有翅膀，不能飞上天空、远离地面的尘土喧嚣，就像坐在蒸笼中。

传统习俗

| 食新 |

在过去，民间有小暑时节"食新"的习俗，即在小暑过后尝新米，农民将新割的稻谷碾成米后，做好饭供祀五谷大神和祖先，祈求秋后五谷丰登。然后人们开开心心地品尝新酒等。据说"吃新"乃"吃辛"，是小暑节后第一个辛日。一般买少量新米与老米同煮，加上新上市的蔬菜等。所以，民间有"小暑吃黍，大暑吃谷"之说。民谚还有"头伏萝卜二伏菜，三伏还能种荞麦""头伏饺子二伏面，三伏烙饼摊鸡蛋"的说法。

| 吃藕 |

在民间还有小暑吃藕的习俗。藕具有清热、养血、除烦等功效，适合夏天食用。

|吃饺子|

头伏吃饺子是一种传统习俗。伏天人们食欲不振，往往比常日消瘦，俗谓之"疰夏"，也称"苦夏"，而包了馅料的饺子在传统习俗里正是开胃解馋的食物。

|吃黄鳝|

民间有"小暑黄鳝赛人参"的说法。黄鳝生于水岸泥窟之中，以小暑前后一个月的夏鳝鱼最为滋补味美。

｜回娘家｜

　　关于这个习俗的由来，有一个小故事。

　　据说，在春秋战国时期，晋国有个宰相叫狐偃，他是保护和跟随文公重耳流亡列国的功臣之一。被封相后狐偃勤理朝政，十分精明能干，晋国上下对他都很敬重。每逢六月初六狐偃过生日的时候，总有无数的人给他拜寿送礼，狐偃便慢慢地骄傲起来。时间一长，人们渐渐对他越来越不满。但狐偃权高势重，人们都敢怒不敢言。

　　当时的功臣赵衰是狐偃的亲家，他对狐偃的作为很反感，就直言相劝。但狐偃听不进苦口良言，当众责骂亲家。赵衰年老体弱，不久就被气死了。赵衰的儿子恨岳父不讲仁义，便决心为父报仇。

　　到了第二年，晋国夏粮遭灾，狐偃出京放粮，临走时说，六月初六一定赶回来过生日。狐偃的女婿得到这个消息，决定六月初六大闹寿筵，杀狐偃，报父仇。狐偃的女婿见到妻子，问她："像岳父那样的人，天下的老百姓恨不恨？"狐偃的女儿对父亲的作为也很生气，顺口答道："连你我都恨他，还用说别人？"狐偃的女婿就把计划说出来。狐偃的

女儿听了，脸一红一白，说："我已是你家的人，顾不得娘家了，你就看着办吧！"

狐偃的女儿从此以后整天心惊肉跳，她恨父亲狂妄自大，对亲家绝情，但转念想起父亲的好，觉得亲生女儿不能见死不救。最后她在六月初五跑回娘家告诉母亲自己丈夫的计划。母亲听后大惊，急忙派人连夜给狐偃送信。

狐偃的女婿见妻子逃跑了，知道机密败露，便闷在家中等狐偃来收拾自己。到了六月初六，一大早，狐偃亲自来到亲家府上，他见了女婿就像没事一样，翁婿二人并马回相府去了。那年拜寿筵上，狐偃说："老夫今年放粮，亲见百姓疾苦，深知我近年来做事有错。今天贤婿设计害我，虽然过于狠毒，但也是为民除害、为父报仇，而且事没办成，老夫决不怪罪。女儿救父危机，尽了大孝，理当受我一拜。望贤婿看在我面上，不计仇恨，两相和好！"

自此以后，狐偃真心改过，翁婿比以前更加亲近。

为了吸取这个教训，狐偃在每年六月初六都要请回闺女、女婿团聚一番。后来，老百姓纷纷仿效，也都在每年六月初六接回闺女，以应消仇解怨、免灾去难的吉利。天长日久，相沿成习，流传至今，人们还称此日为姑姑节。

古时女儿回娘家是经常性的，但是什么时候能回，要看夫家是否空闲，如农忙时节、节日期间，女儿就要在丈夫家生活。而农历六月是农闲期间，为女儿回娘家提供了方便条件，民谚说"六月六，请姑姑"。此时，小孩也要跟随母亲去姥姥家，归来时，在前额印上红记，作为避邪求福的标记。

| 晒衣晒书 |

民间在六月初六有晒衣晒书的习俗。因为这一时节天气潮湿，书籍衣物容易生霉，所以要在阳光下曝晒。

民谚"六月六，家家晒红绿"中的红绿指的就是五颜六色的衣服。此谚的后一句又作"家家晒龙袍"，关于"家家晒龙袍"，在扬州有个传说，据说乾隆皇帝在扬州巡游的路上恰遭大雨，淋湿了外衣，又不好借百姓的衣服替换，只好等雨过天晴，将湿衣晒干再穿。这一天正好是六月初六，因而此日有"晒龙袍"之说。

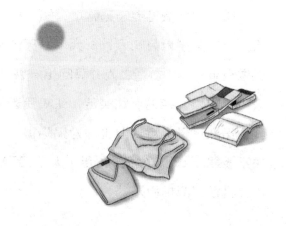

|祭祀虫王神|

小暑时节，由于天气的原因，百虫滋生，尤其是蝗虫对农作物有很大的威胁。古人一方面积极捕蝗，如利用火烧、以网捕捉、用土掩埋、众人围扑等方法，尽力消灭蝗虫；另一方面则祭祀青苗神、刘猛将军、蝗螟太尉等虫王神。

|求平安|

民间常以大象为吉利的象征，在六月初六这一天一些有大象的地方会给大象沐浴，以求吉利。除洗象外，六月六也洗其他牲畜。如果此时正逢阴雨连绵的天气，人们就会剪出扫天婆、驱云婆婆等纸人，以求驱散阴云。纸人皆为妇女形象，手持扫帚或树枝，做驱云赶雨的姿势。

经典谚语

大暑前小暑后，庄稼老头种绿豆。

小暑怕东风，大暑怕红霞。

小暑起南风，绿豆似柴篷。

小暑起燥风，日日夜夜好天公。

小暑若刮西南风，农家忙碌一场空。

小暑少落雨，热得像火炉。

小暑收大麦，大暑收小麦。

小暑头上一点漏，拔掉黄秧种绿豆。

小暑南风大暑旱。

霉里芝麻莳里豆，小暑里头种赤豆。

小暑北风水流柴，大暑北风天红霞。

小暑不淋，干死竹林。

小暑不热，五谷不结。

小暑不种薯，立伏不种豆。

小暑吃杧果。

小暑吃黍，大暑吃谷。

小暑交大暑，热得无处躲

　　小暑时节的到来，标志着我国大江南北进入炎热时节，但小暑并不是一年中最炎热的天气，小暑时节气温有高有低，后期天气也不一样。特别是小暑和大暑交接的时间，比较炎热，因此农谚说："小暑交大暑，热得无处躲。"

大暑

荷花映日，流萤飞舞

每年的阳历 7 月 22 日至 24 日之间，太阳到达黄经 120°，为大暑节气。与小暑一样，大暑也是反映夏季炎热程度的节令，而大暑表示天气炎热至极。全国闻名的长江沿岸"三大火炉"城市南京、武汉和重庆，每年高于 30℃ 的暑热天数平均都在 70 天以上。

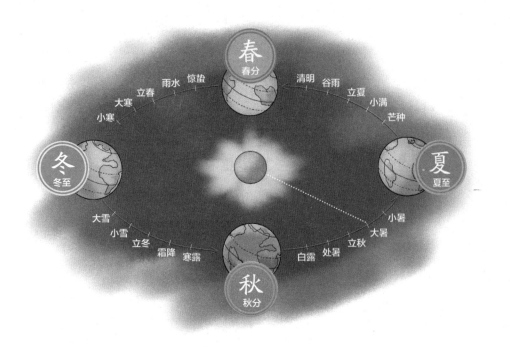

大暑三候

初候，腐草为萤

二候，土润溽暑

三候，大雨时行

夜晚，萤火虫会在腐草败叶上飞来飞去，寻机捕食。土壤高温潮湿，很适宜水稻等水生作物的生长。大暑时节，正值中伏前后，天气进入了一年中最炎热的时期。此时也正逢雨热同季，雨量比其他月份明显增多，随时都会有雨水落下。

节气诗文

六月十七日大暑殆不可过然去伏尽秋初皆不过

南宋·陆游

赫日炎威岂易摧，火云压屋正崔嵬（wéi）。

嗜眠但喜蕲（qí）州簟（diàn），畏酒不禁河朔杯。

人望息肩亭午过，天方悔祸素秋来。

细思残暑能多少，夜夜常占斗柄回。

传统习俗

| 斗蟋蟀 |

斗蟋蟀活动始于唐代，盛行于宋代，清代时益发讲究，蟋蟀要求无"四病"（仰头、卷须、练牙、踢腿），外观颜色也有尊卑之分，"白不如黑，黑不如赤，赤不如黄"，体形要雄而矫健。蟋蟀相斗，要挑重量与大小差不多的，用蒸熟后特制的日草或马尾鬃引斗，让它们互相较量，几经交锋，败的退却，胜的张翅长鸣。旧时城镇、集市多有斗蟋蟀的赌场，今已被废除。

| 半年节 |

在福建、台湾地区有过"半年节"的民俗，由于大暑是农历的六月，是全年的一半，所以在这一天拜完神明后，全家会一起吃"半年丸"。"半年丸"是用糯

米磨成粉再和上红面麴成的，大多会煮成甜食来品尝，象征团圆与甜蜜。

|吃羊肉|

在福建莆田，大暑时节有一种独特的风味
菜肴——温汤羊肉。羊肉性温补，
食用、药用皆宜。制法是：选择
上好的山羊，放血宰杀，脱尽毛，
卸内脏，把整羊放入锅中，用沸汤
淋烫几遍，然后迅速放入木桶中，再
冲入适量开水，淹没全羊，盖上桶，待次
日取出。吃时，把羊肉切成片，肉肥脆嫩，味
鲜可口。大暑这天早晨，羊肉上市，供不应求。

|吃仙草|

广东地区有大暑时节吃仙草的习俗。仙草又名凉粉草、仙人草，是
重要的药食两用植物，有神奇的消暑功效。仙草的茎叶晒干后可以做成
烧仙草，广东一带叫凉粉，是一种消暑的甜品，本身也可入药。有句民
谚曰："六月大暑吃仙草，活如神仙不会老。"

烧仙草也是台湾地区著名的小吃之一，有冷、热两种吃法，外观和
口味类似粤港澳地区流行的一种小吃龟苓膏，都具有清热解毒的功效。

送大暑船

这一习俗始于清同治年间，当时浙江台州葭沚（jiā zhǐ）一带常有病疫流行，尤以大暑节前后为甚。人们以为是五圣（相传五圣为张元伯、刘元达、赵公明、史文业、钟仕贵，均系凶神）所致，于是在葭沚江边建立五圣庙，乡人有病向五圣祈祷，许以心愿，祈求祛病消灾，事后以猪羊等供奉还愿。

葭沚地处椒江口附近，沿江渔民居多，为保一方平安，于是决定在大暑节集体供奉五圣，并用大暑船将供品沿江送至椒江口外。大暑船须在大暑节前赶造成功，大暑节时人们将供品置于船上，众人齐力，让船趁着落潮大水漂向茫茫大海。以此来供奉五圣，表达虔诚之心，祈求风调雨顺，五谷丰登，生活安康。

经典谚语

大暑不浇苗，到老无好稻。

大暑不暑，五谷不起。

大暑不雨秋边旱。

伏儿不肯晒面皮，寒冬腊月饿肚皮。

大暑到，暑气冒。

大暑到立秋，割草沤肥正时候。

伏里锄一锄，能加一碗油。

伏里犁三遍，缸里有白面。

大暑连阴，遍地黄金。

大暑早，处暑迟，三秋荞麦正当时。

大暑展秋风，秋后热到狂。

大暑种蔬菜，生活巧安排。

大暑大雨，百日见霜。

伏旱不算旱，秋旱减一半。

伏里草，埋了好。

大暑后插秧，立冬谷满仓。

伏里深耕田，赛过水浇园。

大暑前，小暑后，两暑之间种绿豆。

秋

立秋
处暑
白露
秋分
寒露
霜降

立秋

残夏将尽，秋声将至

每年阳历 8 月 7 日至 9 日前后，太阳黄经为 135° 是立秋。立秋一般预示着炎热的夏天即将过去，秋天即将来临，草木开始结果，进入收获季节。立秋之后虽然一时暑气难消，还有"秋老虎"的酷热，但总的趋势是天气逐渐凉爽。

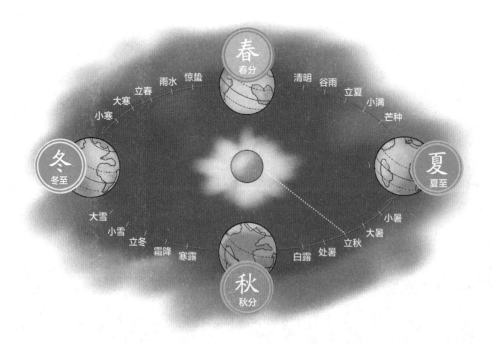

立秋三候

初候，凉风至

二候，白露降

三候，寒蝉鸣

　　立秋后，我国许多地区开始刮偏北风，偏南风逐渐减少。弱北风给人们带来了丝丝凉意。由于白天日照仍很强烈，夜晚刮来的凉风形成了一定的昼夜温差，空气中的水蒸气在清晨室外植物上凝结成了一颗颗晶莹的露珠。这时候的蝉食物充足，在被微风吹动的树枝上得意地鸣叫着，好像在告诉人们炎热的夏天过去了。

秋

节气诗文

立秋

南宋 · 刘翰

乳鸦啼散玉屏空，一枕新凉一扇风。

睡起秋色无觅处，满阶梧桐月明中。

立秋日曲江忆元九

唐 · 白居易

下马柳阴下，独上堤上行。

故人千万里，新蝉三两声。

城中曲江水，江上江陵城。

两地新秋思，应同此日情。

传统习俗

｜摸秋｜

在立秋之夜，民间有"摸秋"的风俗。这天夜里没有小孩子的妇女，在小姑或其他女伴的陪同下，到瓜园或菜地中，暗中摸索摘取瓜豆。因为民间相传，摸到南瓜的，即可生男孩，因为"南"与"男"谐音；摸到扁豆则生女孩，因为扁豆也称"蛾眉豆"。按照传统风俗，立秋夜瓜豆任人采摘，田园主人是不会责怪的，即使发现了，也装作没有看到，甚至暗中帮忙"摸秋""逃跑"。

此俗清代以前就有，民国时期仍流传在民间。如在商洛竹林关一带，立秋夜里，孩子们在月亮还未出来时，照例钻进附近的秋田里，摸一样东西回家。人们视"摸秋"为游戏，不作为偷盗行为论处。过了这一天，家长会严肃约束孩子，不准到别人的瓜田、菜地里拿任何东西。据说这个风俗源于元末农民起义军的一次行军转移活动。

传说在元末的时候，淮河流

域出现了一支起义军，参加起义队伍的将士都是农民出身，他们饱受元朝统治之苦，对元兵扰民之事深恶痛绝。这支队伍纪律严明，所到之处，秋毫不犯。一天，这支起义军转移到淮河岸边，深夜不便打扰百姓，便旷野露天宿营。少数士兵饥饿难忍，在路边田间摘了一些瓜果、蔬菜做饭充饥。此事被起义军首领知晓，决定将他们按军法当斩。天明准备将他们按军法处置时，村民得知这支队伍不拿百姓一针一线的军规后，纷纷端来饭食请队伍笑纳，并向主帅求情，设法开脱士兵的过错。村里一位老人随口说道："按祖传规矩，八月摸秋不为偷。"那几个士兵因此获免死罪。那天晚上正好是立秋，从此民间便留下了"摸秋"的风俗习惯。

| 秋社 |

秋社原是秋季祭祀土地神的日子，始于汉代。古代五谷收获已毕，官府与民间皆于此日祭祀诸神报谢，感谢上天的恩赐，带来了一年好收成，祈求来年的风调雨顺。并且在家中准备美食，款待宾客。

宋代有食糕、饮酒、妇女回娘家的习俗。后世，秋社渐微，其内容多与中元节合并。

｜贴秋膘｜

这个习俗源自北京、河北一带。经过夏季辛苦劳作，人们精力损耗较大，为了弥补劳动者身体的劳损，到了立秋节气就要做些营养丰富的菜肴，给那些壮劳力补补身子，也就是所谓的"贴秋膘"。

民间流行在立秋当天以悬秤称人，将体重与立夏时称的重量对比，来检验肥瘦，体重减轻叫"苦夏"。那时人们对健康的评判，往往只以胖瘦做标准。瘦了需要大"补"，补的办法就是"贴秋膘"，吃味厚的美食佳肴，当然首选吃肉。

｜尝秋鲜｜

入秋后，正是山货、干果、水果、蔬菜丰收之时，百姓人家讲究"尝秋鲜"，人们认为吃新粮、新蔬果最富有营养。

秋

七夕节源于中国家喻户晓的牛郎织女的爱情传说。农历七月初七这一天是人们俗称的七夕节，又称乞巧节、女儿节。传说这一天夜晚，是牛郎与织女在天河相会的日子，民间则有妇女乞求智巧之事。乞巧节在宋元之际已经相当隆重，京城中还设有专卖乞巧物品的市场，世人称为"乞巧市"。

|牛郎织女的传说|

传说天上有个织女星，还有一个牵牛星，织女和牵牛偷偷地恋爱，且私订了终身。但是，天条律令是不允许男女私自相恋的。王母娘娘一怒之下，便将牵牛贬下了凡尘，惩罚织女没日没夜地织云锦。

有一天，众仙女向王母娘娘恳求去人间游玩一天，王母娘娘当天心情比较好，便答应了她们。她们看到织女终日忙忙碌碌不停地织锦，便一起向王母娘娘求情让织女也共同前往。

话说牵牛被贬下凡之后，投胎到凡间一个农民家中，取名叫牛郎。牛郎是个聪明、忠厚的小伙子，后来父母去世，他便跟着哥嫂一起过日子，哥嫂待牛郎非常刻薄。

一年秋天，嫂子让牛郎去放牛，给他九头牛，却让他等有了十头牛时才能回家，牛郎没说话，只是默默地赶着牛进了山。在草深林密的山上，牛郎坐在树下暗自伤心，他不知道何时才能有十头牛。这时，有位须发皆白的老人出现在他的面前，问他为何伤心，牛郎如实相告。得知他的遭遇后，老人安慰他："孩子，别难过，在伏牛山里有一头病倒的老牛，你去好好喂养它，等老牛病好以后，你就可以赶着它回家了。"老人说完就消失了。

牛郎翻山越岭，走了很远的路，终于在伏牛山脚下找到了那头病倒的老牛。他看到老牛病得不轻，就去给老牛打来一捆捆草，一连喂了好多天，老牛吃饱了，开口说出了自己的身世。原来老牛是天上的金牛星，因触犯天条被贬下天庭，摔坏了腿，无法动弹。老牛还告诉牛郎，自己的腿伤需要用百花上的露水清洗一个月才能痊愈。

牛郎不怕辛苦，到处采集花露，悉心照料了老牛一个月，直到老牛病好后，牛郎兴高采烈地赶着十头牛回了家。

牛郎回到家后，嫂子对他仍旧不好，曾几次要加害他，都被老牛设法相救，嫂子最后把牛郎赶出家门，牛郎只要了那头老牛做伴。

有一天，老牛对牛郎说："牛郎，今天你去一趟碧莲池，那儿将有几个仙女来洗澡，其中穿红色衣服的那个女子人品最好，你把她的衣服藏起来，随后她就会成为你的妻子。"

牛郎便听老牛的话去了碧莲池，拿走了红色的仙衣。仙女们见有人

来了，便纷纷穿上衣裳，像鸟儿般飞走了，只剩下没有衣服穿无法飞走的仙女，她就是织女。织女见自己的仙衣被一个小伙子抢走，又羞又急，却又无可奈何。这时，牛郎走上前来，织女定睛一看，这个小伙子就是自己朝思暮想的牵牛，便含羞答应了做他的妻子。

牛郎和织女生了一男一女两个孩子，他们满以为能够终身相守，白头到老。可是，纸里包不住火，王母娘娘知道这件事后，勃然大怒，发誓一定要派遣天兵天将捉拿织女回天庭问罪。

有一天，织女正在做饭，牛郎匆匆赶回，眼睛红肿着告诉织女："牛大哥死了，它临死前说，要我在它死后，将它的牛皮剥下放好，有朝一日，披上它，就可飞上天去。"织女一听，心中明白，老牛就是天上的金牛星，只因替被贬下凡的牵牛说了几句公道话，也被贬下天庭。它怎么会突然死去呢？织女琢磨着自己偷偷留在凡间的事可能暴露了。织女便让牛郎剥下牛皮保存下来，然后厚葬了老牛。

突然有一天，狂风大作，雷鸣闪电交加，天兵天将从天而降，不容分说，押解着织女便飞上了天。正飞着，织女听到了牛郎的声音："织女，等等我！"织女回头一看，只见牛郎用一对箩筐，挑着两个儿女，披着牛皮赶来了。慢慢地，他们之间的距离越来越近了，织女可以看清儿女可爱的模样了，可就在这时，王母娘娘驾着祥云赶来了，她拔下头上的金簪，往他们中间一划，刹那间，一条波涛滚滚的天河横在织女和牛郎之间。

织女眼望着天河对岸的牛郎和可爱的儿女，直哭得声嘶力竭，牛郎和孩子也哭得死去活来。王母娘娘看到此情此景，也为牛郎织女的爱情所感动，于是网开一面，同意让牛郎和孩子们留在天上，并且限定每年七月初七让他们全家团圆一天。

从此以后，牛郎织女相会的七月初七，喜鹊从四处飞来为他们搭桥，让牛郎织女在天河上相会。

| 乞巧 |

七夕之夜，民间有妇女乞求智巧的活动。女子对月穿针，以祈求织女能赐以巧技，或者捉蜘蛛一只，放在盒里，第二天开盒时如蜘蛛已结网，则称为得巧。

| 拜织女 |

七夕当夜，女子们会相约一起祭拜织女，祭拜后嬉戏玩耍，互诉心事。

| 吃巧果 |

七夕当天，女子们将面粉、白糖、芝麻等食材做成各种精妙的形状，炸熟后食用，来祈求能有巧智、心灵手巧。

秋

|听悄悄话|

七夕夜有听悄悄话的风俗。相传，七夕之夜在葡萄架下能听到牛郎织女说悄悄话。听到他们悄悄话的姑娘，日后便能赢得一生不渝的真爱。

|青苗会|

青苗会是农人祈祷风调雨顺和五谷丰登的活动。每年农历七月初七，各村各庄的农民放下手里的活计，潮水般涌向青苗会举办地参加活动，就像过大年，娃娃穿新衣，货郎摆地摊，整个青苗会弥漫着节日的欢乐气氛。

拜魁星

传说七月初七是魁星爷的生日。民间称"魁星主文事",想求取功名的读书人特别崇敬魁星,因此多数读书人在七夕这天祭拜魁星爷,祈求他保佑自己考运亨通、金榜题名。

北斗七星的第一颗星也称魁星或魁首。古代士子中状元时称"大魁天下士"或"一举夺魁",都是因为当时人们认为魁星主掌考运的缘故。

经典谚语

交秋末伏,鸡蛋晒熟。	立秋摘花椒,白露打胡桃。
立秋十八天,寸草皆结顶。	秋前水滚脚,秋后有谷割。
立了秋,便把扇子丢。	立秋之日凉风至。
立秋不立秋,六月二十头。	六月底,七月头,十有八载节立秋。
立秋后三场雨,夏布衣裳高搁起。	七月秋样样收,六月秋样样丢。
立秋雷轰轰,抢割莫放松。	秋不凉,籽不黄。
立秋晴,一秋晴;立秋雨,一秋雨。	秋前秋后一场雨,白露前后一场风。

处暑

处暑出伏，秋凉来袭

每年阳历 8 月 22 日至 24 日前后，太阳黄经为 150° 是处暑节气。这个时期火热的夏季已经基本到头了，暑气就要散尽了。处暑是温度下降的一个转折点，节令到了处暑，气温进入了显著变化阶段，逐日下降，已不再是暑气逼人的酷热天气。

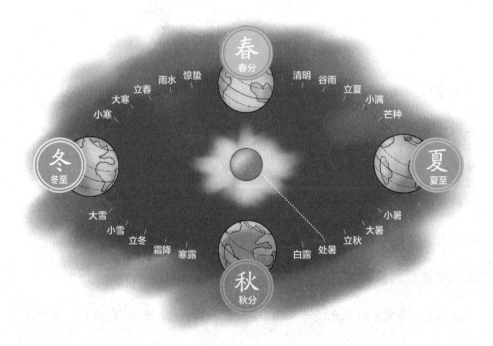

春
春分

雨水　惊蛰
立春　　　　　清明　谷雨
大寒　　　　　　　　立夏　小满
小寒　　　　　　　　　　芒种

冬
冬至

夏
夏至

大雪　　　　　　　　　　小暑
小雪　立冬　　　　　　大暑
　　霜降　寒露　　立秋
　　　　　　白露　处暑

秋
秋分

处暑三候

初候，鹰乃祭鸟

二候，天地始肃

三候，禾乃登

"处"含有躲藏、终止的意思，处暑的意义是"夏天暑热正式终止"。

老鹰大量捕猎鸟类，并且像祭祀似的先陈列，然后再吃。

天地间万物开始凋零，充满了肃杀之气。古时有"秋决"的说法，即是为了顺应天地的肃杀之气而行刑。

"禾"指的是黍、稷、稻类农作物的总称，"登"即成熟的意思，意思就是开始秋收。

节气诗文

处暑后风雨

元·仇远

疾风驱急雨，残暑扫除空。

因识炎凉态，都来顷刻中。

纸窗嫌有隙，纨（wán）扇笑无功。

儿读秋声赋，令人忆醉翁。

　　这首诗开篇描写的是处暑过后，一场疾风骤雨将积蓄已久的炎热暑气扫除一空。世态的炎凉就如同这天气的变化一般，迅速而干脆。"纨扇笑无功"一语双关，既说出了精致华美的扇子在处暑秋雨过后就失去了功用，也暗指自己空有满腔热血，却难以实现报国之志。就如同北宋诗人欧阳修在《秋声赋》中所表露出的一样，在经历过反复被贬的政治生活之后，对于争权夺利早已厌恶。

传统习俗

|开渔节|

对于沿海渔民来说，处暑以后是渔业收获的时节，每年处暑期间，在浙江省沿海都要举行隆重的开渔节，在东海休渔结束的那一天，举办盛大的开渔仪式，欢送渔民开船出海。

我国多个地区都有类似的节日，比如象山开渔节、舟山开渔节、阳江开渔节等。开渔节既是为了节约渔业资源，同时也是为了促进当地旅游业的发展。

| 吃鸭子 |

在我国许多地方，处暑意味着凉秋的开始，从今天以后，我国大部分地区温差增大、昼暖夜凉；但是有的地方也会出现"秋老虎"的短暂高温天气。此时饮食应遵从处暑时节润肺健脾的原则，多吃些清热、生津、养阴的食物。而鸭味甘性凉，因此民间流传有处暑吃鸭子的习俗。

传统节日 中元节

中元节又称"七月节"或"盂（yú）兰盆会"，中元节是道教的说法，"中元"之名起于北魏。民间多是在此节日纪念去世的亲人、朋友等，并对未来寄予美好的希望。

传说佛教盂兰盆节起源于"目连救母"的故事。佛陀弟子中，神通第一的目连尊者，惦念过世的母亲，他用神通看到母亲因在世时的贪念，死后堕落在恶鬼道，过着吃不饱的生活。目连于是用他的神力化成食物，送给他的母亲，但母亲不改贪念，见到食物到来，生怕其他恶鬼抢食，贪念一起，食物到她口中立即化成火炭，无法下咽。目连虽有神通，身为人子，却救不了母亲，十分痛苦，请教佛陀如何是好。佛陀授意目连：农历七月十五是结夏安居修行的最后一日，在这一天，盆罗百味，供巷僧众，可以凭此慈悲心，救渡其亡母。随后目连遵照佛陀旨意，于农历七月十五用盂兰盆盛珍果素斋供奉其母，母亲最终获得食物。

|放河灯|

放河灯（也常写为"放荷灯"）是中元节传统习俗，用以对逝去亲人的悼念，对活着的人们祝福。

民间农历七月十五祭奠去世的人，最隆重的纪念活动要数放河灯了。人们习惯用木板加五色纸，制作成各色彩灯，中间点蜡烛。有的人家还要在灯上写明亡人的名讳。商行等则习惯做一只五彩纸船，称为大法船。船上要做一纸人持禅杖，象征目连，也有的做成观世音菩萨。入夜，将纸船与纸灯置放河中，让其顺水漂流。

放河灯活动，要数晋西北的河曲最为壮观了。晋西北的河曲县，紧临黄河，河道开阔，水流平缓。每年到了农历七月十五夜晚，全城百姓扶老携幼齐聚黄河岸边的戏台前广场，竞观河灯，场面十分热闹。各色彩灯顺水漂流，小孩子紧盯着自家的河灯看它能漂多远。老人们嘴里念念有词，不断地祈祷。

如今的放河灯民俗，已经成为人们娱乐的活动项目了。

|祭祖|

中元节是中国民间的一个传统祭祖节日，人们在农历七月十五这天供奉祭品、烧纸烛祭祀祖先。

经典谚语

处暑白露节，夜凉白天热。

处暑落了雨，秋季雨水多。

处暑有雨十八江。

处暑梦个白露菜。

处暑不出头，是谷喂了牛。

处暑难得十日阴，白露难得十日晴。

处暑不锄田，来年手不闲。

处暑晴，干死河边铁马根。

处暑不带耙，误了来年夏。

处暑若还天不雨，纵然结子难保米。

处暑不觉热，水果别想结。

处暑三日稻有孕，寒露到来稻入囤。

处暑不下雨，干到白露底。

处暑三日割黄谷。

处暑不种田，种田是枉然。

处暑十日忙割谷。

处暑长薯。

处暑收黍，白露收谷。

处暑处暑，处处要水。

处暑天不暑，炎热在中午。

处暑东北风，大路做河通。

处暑天还暑，好似秋老虎。

处暑高粱遍地红。

处暑田豆白露荞，下种勿迟收成好。

处暑高粱白露谷。

处暑下雨烂谷箩。

白露

露水沾裳，滴落乡愁

白露时节，于每年阳历9月7日至9日交节。全国大部分地区天高气爽，云淡风轻，晚上草木上可以见到白色露水。露水是由于温度降低，水汽在地面或近地物体上凝结而成的水珠。此时，天气转凉，一个春夏的辛勤劳作，经历了风风雨雨，送走了高温酷暑，迎来了气候宜人的收获季节。

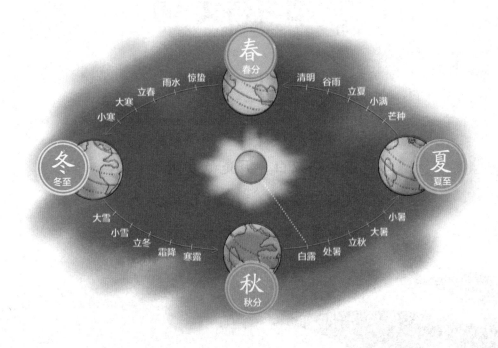

白露三候

初候，鸿雁来

二候，玄鸟归

三候，群鸟养羞

鸟从北向南飞，大曰鸿，小曰雁。大雁开始感觉到秋寒，成群从北方飞往南方越冬。燕子等候鸟也感觉到秋寒将至，飞往南方越冬。很多鸟类开始储存越冬的食物，等待冬日的到来。

节气诗文

月夜忆舍弟

唐·杜甫

戍鼓断人行，边秋一雁声。

露从今夜白，月是故乡明。

有弟皆分散，无家问死生。

寄书长不达，况乃未休兵。

| 打核桃 |

白露时节是核桃成熟的时期。白露一过正好是上山打核桃的农忙时间，因此农谚中有"白露打核桃、吃核桃"的说法，然而这并不是因为核桃成熟才如此说，主要是白露节气到来后，天气渐冷，人体需要一些温补的东西，而核桃是非常适合的节令食品。

核桃原名叫胡桃，又名羌桃、万岁子或长寿果。据史料记载："此果出自羌胡，汉时张骞出使西域，始得种还，移植秦中，渐及东土。"羌胡古时指现在的南亚、东欧及我国新疆、甘肃和宁夏等地。张骞将其引进中原地区时，称作"胡核"。319 年，晋国大将石勒占据中原，建立后赵时，由于其忌讳"胡"字，所以把胡桃改名为核桃，此名一直延续至今天。

| 喝白露米酒 |

白露时节，南方一些地区有酿酒习俗。每年白露节一到，家家酿酒，待客接人必喝自酿米酒。

这个时节酿出的酒温中含热，略带甜味，称作"白露米酒"。白露米酒的酿制除取水、选定节气颇有讲究外，方法也相当独特。先酿制白酒（俗称"土烧"）与糯米糟酒，再按一定的比例将白酒倒入糟酒里，装坛待喝。

｜吃番薯｜

番薯具有抗癌功效，中医还以它入药。很多地方的人认为吃番薯和番薯饭后就不会发生胃酸和胃胀，所以就有了在白露节吃番薯的习俗。

｜喝白露茶｜

白露时节，茶树经过夏季的酷热，正是生长的极好时期。白露节气之前采摘的茶叶叫早秋茶，从白露之后到十月上旬，采摘的茶叶叫晚秋茶。相比早秋茶，晚秋茶的味道更好一点，深受茶客喜爱。

| 祭禹王 |

禹王是传说中治水英雄大禹，渔民称为"水路菩萨"。每年正月初八、清明、七月初七和白露时节，民间都要举行祭禹王的香会。其中以清明、白露春秋两祭的声势比较浩大，历时一周之久。

| 吃龙眼 |

在福建福州一带，民间有白露吃龙眼的习俗。龙眼是福建当地特产的一种水果，具有益气补脾、养血安神的功效。当地人认为，白露这天是吃龙眼的最好时候，这天的龙眼最为滋补。

经典谚语

白露白露，四肢不露。

白露无雨，百日无霜。

白露白茫茫，寒露添衣裳。

白露要打枣，秋分种麦田。

白露有雨连秋分，麦种豆种不出门。

白露防霜冻，秋分麦入土。

白露风兼雨，有谷堆满路。

白露在仲秋，早晚凉悠悠。

白露干一干，寒露宽一宽。

白露早，寒露迟，秋分种麦正当时。

白露高粱秋分豆。

白露种高山，寒露种平地。

白露刮北风，越刮越干旱。

不到白露不种蒜。

白露过秋分，农事忙纷纷。

白露看花，秋后看稻。

|八月雁门开，雁儿脚下带霜来|

　　白露时节的到来，在每年农历八月，一些候鸟如黄雀、椋鸟、柳莺、麦鸡、大雁等对气候的变化相当敏感，于是它们集体向南方迁徙，为过冬做准备。这些候鸟的起程佳期大都选择仲秋的月明风清之夜，好像是给人们发出了信号，预示着天气变冷了，让人们抓紧时间收割庄稼，且多添一些衣服，以便迎接寒冷季节的到来。

秋分

丹桂飘香，昼夜等长

秋分是每年阳历 9 月 22 日至 24 日，太阳黄经为 180°。秋分这一天同春分一样，昼夜几乎相等。从这一天起，阳光直射位置由赤道向南半球推移，北半球开始昼短夜长。根据我国古代的记载，这一天刚好是秋季九十天的一半，因而称秋分。

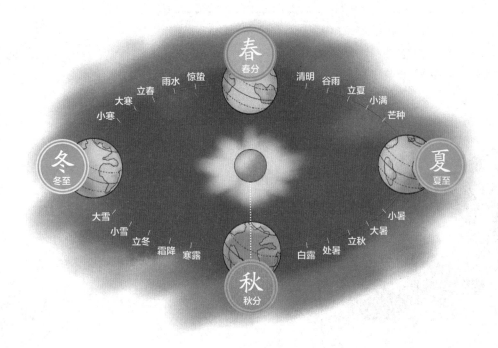

秋分三候

初候，雷始收声

二候，蛰虫坯户

三候，水始涸

秋分时节，云层活跃度降低，从此开始下雨听不到雷声。冬眠的虫子感受到阴冷之气，把土围在了洞穴的周围以抵御寒冷，开始准备冬眠。此时降水渐渐减少，沟里的水开始慢慢干涸。

节气诗文

秋分日忆用济

清·紫静仪

遇节思吾子，吟诗对夕曛（xūn）。

燕将明日去，秋向此时分。

逆旅空弹铗（jiá），生涯只卖文。

归帆宜早挂，莫待雪纷纷。

传统习俗

|吃秋菜|

秋分时节，民间很多地方要吃一种称作"野苋菜"的野菜，有的地方也称之为"秋碧蒿"。

秋分一到，全家老小都挎着篮子去田野里采摘秋菜。在田野中搜寻时，多见嫩绿的、细细的约有巴掌那

样长短的秋菜。一般人家将采回的秋菜与鱼片"滚汤"食用，炖出来的汤叫作"秋汤"。有民谣这样说："秋汤灌脏，洗涤肝肠。阖家老少，平安健康。"人们争相吃秋菜，目的是祈求家宅安宁、身体强壮有力。

|送秋牛|

秋分时节，民间挨家挨户送秋牛。送秋牛其实就是把二开红纸或黄纸印上全年农历节气，还要印上农夫耕田的图样，美其名曰"秋牛图"。送图者都是些民间能言善辩、能歌善舞之人，主要说些秋耕吉祥、不违农时的话，每到一家便是即景生情，见啥说啥，说得主人乐呵呵，捧出

秋

139

钱来交换"秋牛图"。言辞虽然即兴发挥、随口而出，但句句有韵动听。民间俗称"说秋"，说秋之人便叫"秋官"。据说秋分遇到"秋官"十分吉祥。

|粘雀子嘴|

秋分之日，民间这一天部分地区农民按习俗放假休息，家家户户要吃汤圆。与春分之日类似，还要将十几个或二三十个不用包心的汤圆煮好，用细竹叉扦着置于室外田边地坎，这就是"粘雀子嘴"，寓意是阻止雀子破坏庄稼，保佑当年五谷丰登。

传统节日 **中秋节**

农历八月十五，是我国传统的中秋佳节。这时是一年秋季的中期，因此被称为中秋。农历把一年分为四季，每个季节又分为孟、仲、季三个时段，中秋也称作仲秋。

八月十五夜，人们仰望天空如玉如盘的朗朗明月，自然会期盼家人团聚。远在他乡的游子，也借此寄托自己对故乡和亲朋好友的思念之情，因此中秋节又称"团圆节"。

民间很早就有"秋暮夕月"的习俗。夕月，即祭拜月神。

据说古代齐国姑娘丑女无盐，年幼时曾虔诚拜月，随后以超群品德入宫，某年八月十五宫里赏月，天子在月光下见到了她，觉得她气质动人，于是就册封她为皇后，中秋拜月习俗由此而来。传说月中嫦娥以美貌著称，所以许多少女拜月，愿"貌似嫦娥，面如皓月"。

在唐朝，中秋赏月颇为盛行。在北宋京师，八月十五夜，不论贫富、男女老少，都要穿上成人的衣服，焚香拜月说出心愿，祈求月亮神的庇护。南宋时，民间以月饼相赠，取团圆之意。有些地方还有舞草龙、砌宝塔等活动。明清以来，中秋节的风俗更加盛行；许多地方形成了烧斗香、树中秋、点塔灯、放天灯、走月亮、舞火龙等特殊风俗。

|嫦娥奔月的传说|

后羿射下了天上的九个太阳，为民除害，深受天下百姓的尊敬和爱戴。随后他娶了美丽善良的嫦娥做他的妻子。后羿除了传艺狩猎外，终日和妻子在一起，人们都羡慕这对恩爱夫妻。不少有志之士慕名前来投师学艺，心术不正的逢蒙也混了进来。一天，后羿到昆仑山访友求道，巧遇由此经过的王母娘娘，便向王母娘娘求得两颗长生不老的仙丹。据说，服下一颗仙丹的人可以长生不老，服下两颗仙丹的人就能即刻升天成仙。后羿舍不得撇下妻子，只好暂时把两颗仙丹交给嫦娥珍藏起来。

嫦娥将仙丹藏进梳妆台的百宝匣时，被小人逢蒙偷偷看到了。三天后，后羿率众徒外出狩猎，心怀鬼胎的逢蒙假装生病留了下来。等后羿走后不久，逢蒙手持宝剑闯入后院，威逼嫦娥交出仙丹。嫦娥知道自己不是逢蒙的对手，危急之时，她打开百宝匣，拿出两颗仙丹一口气吞了下去。嫦娥吞下仙丹后，身子立刻感觉轻飘飘的能够飞了，她于是飞出窗口，向天空飞去。由于嫦娥牵挂着丈夫后羿，便飞落到距离人间最近的月亮上。

太阳落山时，后羿又累又饿回到家里，没有看见爱妻嫦娥，便询问侍女们是怎么回事。侍女们哭着向他讲述了白天发生的事。后羿既惊又怒，抽剑去杀恶徒，不料逢蒙早已逃亡。后羿气得捶胸顿足，悲痛欲绝，仰望着夜空呼唤爱妻的名字。朦胧中他惊奇地发现，当天晚上的月亮格外明亮，恰好这天是农历八月十五，而且月亮里有个晃动的身影酷似嫦娥。他飞一般地朝月亮追去，可是他追三步，月亮进三步，无论如何也追不上月亮。

后羿思念妻子嫦娥心切，便派人到嫦娥喜爱的后花园里摆上香案，

放上她平时最爱吃的蜜食鲜果，遥祭在月宫里的嫦娥。老百姓们听说嫦娥奔月成仙的消息后，每年到农历八月十五，纷纷在月下摆设香案祭拜嫦娥，祈求吉祥平安。

| 拜月 |

中秋节，民间有拜月的习俗。拜月由祭月而来，中国的祭月仪式从周

代起就有，祭月时间是在中秋月出时开始。拜月是向月神表示敬意，中秋无论能否看到月亮，都可以拜月。

| 赏月 |

赏月的风俗源自祭月，严肃的祭祀后来变成了轻松的欢娱。

民间中秋赏月活动大约始于魏晋时期，但是没有形成习俗。到了唐朝，中秋赏月颇为盛行，许多诗人的名篇中都有咏月的诗句。

待到宋时，形成了以赏月活动为中心的中秋民俗节日，正式定为中秋节。宋代的中秋夜是不眠之夜，夜市通宵营业，赏月游人达旦不绝，热闹非凡。京城大多数的店家、酒楼在这一天都要重新装饰门面，牌楼上扎绸挂彩，出售新鲜水果或者精制食品，老百姓们纷纷登上楼台看热闹，一些有钱人家以及读书人在自己的楼台亭阁摆上食品或安排家宴、饮酒作诗赏月。

时至今日，民间许多地方还有赏月的习俗。

吃月饼

月饼是深受中国人民喜爱的中秋节传统节日特色食品。月圆饼也圆，象征着团圆和睦，在中秋节这一天，月饼是必食之品。中秋节吃月饼的习俗于唐代开始，至明、清发展成为全民共同的饮食习俗。时至今日，月饼品种更加繁多，风味因地各异。其中京式、苏式、广式、潮式等月饼广为中国各地的人们所喜食。

中秋节晚上，有的地区还有烙"团圆"的习俗，即烙一种象征团圆、类似月饼的小饼子，饼内填充桂花、芝麻、糖和蔬菜等，外压月亮、桂树、兔子等图案。祭月之后，由家中年长者将饼按人数分切成块，每人一块，如有人不在家即为其留下一份，保存起来，表示人人有份、合家团圆。

团圆馍

团圆馍，即陕西关中农家自制的大圆月饼。在面饼上雕出各种花纹，在两层面饼中间夹有一层芝麻。精美的花纹体现出妇女的心灵手巧，当中的芝麻营养丰富，圆形的面饼寓意着团圆，全家分食象征着福泽全家。

秋分北风，热到脱壳。	秋分天晴必久旱。
秋分不割，霜打风磨。	秋分不起葱，霜降必定空。
秋分出雾，三九前有雪。	秋分无雨春分补。
秋分过后必有风。	秋分已来临，种麦要抓紧。
秋分见麦苗，寒露麦针倒。	秋分以后雪连天。
秋分节日后，青蛙仍在叫，秋末还有大雨到。	秋分有雨，寒露有冷。
秋分冷得怪，三伏天气坏。	秋分有雨寒露凉。

|分后社，白米遍天下；社后分，白米像锦墩|

秋分是秋天的一半，但是民间认为，中秋也是秋天的一半，由于按阳历和阴历的算法不同，秋分和中秋不一定在同一天。中秋固定在阴历的八月十五，每年的这一天，人们都会祭拜土地神，也就是传说中的秋社活动，因此中秋也叫"社日"。古时人们认为如果秋分先而中秋后，预兆着来年五谷丰登；如果中秋先而秋分后，则预兆着来年收成不好，所以人们才会说："分后社，白米遍天下；社后分，白米像锦墩。"

寒露

枫红似火，遍地冷露

在每年阳历 10 月 7 日至 9 日，太阳黄经为 195° 是寒露。寒露表示气温比白露时更低，地面的露水更凉，快要凝结成霜了。白露后，天气转凉，开始出现露水，到了寒露，则露水增多，并且气温将更低了，枫叶飘红菊花飘香。

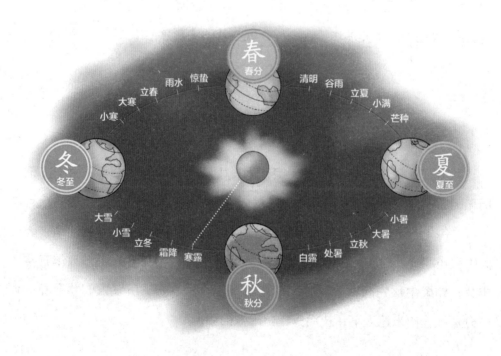

寒露三候

初候，鸿雁来宾

二候，雀入大水为蛤

三候，菊有黄华

大雁从白露节气后开始往南迁徙，到了寒露节气后就是最后一批南飞的大雁了，再往后就要进入寒冷的冬天了。

古人看到蛤蜊的花纹和小鸟的纹路相似，认为到了寒露这天，飞鸟会深入大海，变成蛤蜊，躲避寒冷。

秋高气爽，菊花开始绽放。

节气诗文

秋兴（其一）

唐·杜甫

玉露凋伤枫树林，巫山巫峡气萧森。

江间波浪兼天涌，塞上风云接地阴。

丛菊两开他日泪，孤舟一系故园心。

寒衣处处催刀尺，白帝城高急暮砧（zhēn）。

传统习俗

|吃芝麻|

寒露时节，气温由凉爽转为寒冷。民间有"寒露吃芝麻"的习俗。在北方地区，与芝麻有关的食品都成了寒露前后的抢手货，例如芝麻酥、芝麻绿豆糕、芝麻烧饼等时令小食品。

芝麻一般分为白芝麻和黑芝麻。白芝麻主要是食用，黑芝麻主要是药用。

|观红叶|

红叶树，学名黄栌，是观赏树木，主要观其树叶，为历代文人墨客所青睐。事实上，人们在观赏红叶的时候，不仅仅是黄栌，还有乌桕、丹枫、火炬、红叶李等树种。漫步在通幽曲径上环顾周围，便会看到一簇簇、一片片色彩斑斓的红叶美景。漫山遍野的红叶是秋天最为壮丽的自然景观。

传统节日 重阳节

农历九月九俗称重阳节，是中国的传统节日，民间在该日有登高的风俗，因此重阳节又称"登高节"。重阳节早在战国时期就已经形成，到了唐代，重阳节被正式定为民间的节日，此后历朝历代沿袭至今。由于农历九月初九"九九"谐音是"久久"，有长久之意，因此常在此日祭祖与推行敬老活动。重阳又称"踏秋"，与农历三月三"踏春"皆是家族倾室而出，重阳这天所有亲人都要一起登高"避灾"，佩茱萸、赏菊花、饮菊花酒。自魏晋起，人们逐渐重视过重阳节，重阳节也成为历代文人墨客吟咏最多的传统节日之一。

| 重阳节的传说 |

传说在东汉时期，汝河有一个瘟魔，只要它一出现，家家有人病倒，天天有人丧命。当地的老百姓受尽了瘟魔的蹂躏。一场瘟疫夺走了桓景的父亲和母亲，桓景也因瘟疫差点儿丧了命。在乡亲们的细心照料下，他幸运地存活下来。病愈之后，他决心出去访仙学艺，发誓一定要为民除掉瘟魔。

桓景四处访师寻道，访遍了东西南北的名山高士。终于打听到在东方有一座古老的山，山上有一个法力无边的仙长。桓景不畏艰险和路途的遥远，在仙鹤指引下，终于找到了那座高山，找到了那个有着神奇法力的仙长。仙长为他的精神所感动，终于收留了桓景，并且教给他降妖剑术，还赠他一把降妖宝剑。桓景废寝忘食地勤学苦练，终于练就了一身非凡的武功。

有一天，仙长把桓景叫到跟前说："明天是农历九月初九，瘟魔又要出来作恶，你武艺已学成，应该回家乡为民除害了。"仙长送给他一包茱萸叶、一盅菊花酒，并且秘授辟邪用法，让他骑着仙鹤飞回家乡。

桓景一眨眼便飞回到家乡。在九月初九的早晨，桓景按照仙长的叮嘱把乡亲们领到了附近的一座山上，发给每人一片茱萸叶，并且每人喝了一小口菊花酒，做好了降魔的准备。午时三刻，随着几声怪叫，瘟魔冲出汝河，刚扑到山下，突然闻到阵阵茱萸奇香和菊花酒气，便戛然止步，脸色突变。这时桓景手持降妖宝剑骑着仙鹤追下山去，几个回合就把瘟魔刺死了，仙鹤看到桓景战胜了瘟魔，便辞别桓景飞了回去。从此以后，民间农历九月初九登高避瘟疫的风俗便流传下来。

｜饮菊花酒｜

酿菊花酒，早在汉魏时期就已经盛行。民间有在菊花盛开时，将之茎叶并采，和糯米、酒曲一起酿制，藏至第二年重阳饮用。陶渊明有诗云："往燕无遗影，来雁有余声。酒能祛百虑，菊解制颓龄。"便是称赞菊花酒的祛病延年功效。据说重阳节饮菊花酒还能辟邪祛灾。

| 插茱萸 |

民间认为在重阳节插茱萸可以避难消灾；或佩戴于臂，或做成香袋佩戴在贴身衣服上，还有插在头上的。佩戴茱萸者大多是妇女、儿童，有些地方甚至男子也佩戴茱萸。

| 登高望远 |

每年到了农历九月初九重阳节，民间有一个习俗就是在这一天外出登高望远。登高望远的来源有以下两种说法：

来源一：

古代人们崇拜山神，认为山神能够使人免除灾害。因此人们在重阳日里，要前往山上登高望远游玩，以避灾祸。或许最初还要祭拜山神以求吉祥，后来才逐渐转化成为一种娱乐活动。

古人认为"九为老阳，阳极必变"，九月初九，月、日均为老阳之数，不吉利。故而衍化出一系列重阳节登高望远避不祥、求长寿的习俗活动。

来源二：

重阳时节，五谷丰登，农忙秋收已经结束，农事相对比较轻闲。这时山野里的野果、药材之类又正是成熟的季节，农民纷纷上山采集野果、药材和植物。这种上山采集活动，人们把它叫作"小秋收"。登高望远的风俗最初可能就是由此演变而来的，至于集中到重阳这一天则是后来的事。就像春天宜于植树，人们就定了个植树节的道理一样。

｜赏菊｜

九九重阳节到来之时，各种各样的菊花盛开，观赏菊花就成了节日的一项重要内容。

传说赏菊习俗源于晋代大诗人陶渊明。陶渊明不为五斗米折腰回归田园后，以隐居、赋诗、饮酒、爱菊出名；后人效仿他，于是就有重阳赏菊的风俗。古代文人士大夫，还将赏菊与宴饮结合起来，希望自己和陶渊明的风格更加接近。随后，北宋京师开封重阳赏菊之风日益盛行。

宋代每年重阳节都要"以菊花、茱萸，浮于酒饮之"，还给菊花、茱萸起了两个雅致的别号，称菊花为"延寿客"，称茱萸为"辟邪翁"。依照每年的惯例，达官显贵都要在重阳节观赏菊花，即使平民也要购买一两株菊花玩赏自娱。当时市场上出售的名优品种菊花达到七八十种之多。

经典谚语

八月寒露抢着种，九月寒露想着种。	寒露三日无青豆。
寒露百草枯，霜降见麦茬。	吃了寒露饭，单衣汉少见。
豆子寒露动镰钩，骑着霜降收芋头。	寒露柿红皮，摘下去赶集。
豆子寒露使镰钩，地瓜待到霜降收。	寒露柿子红了皮。
过了寒露节，黄土硬似铁。	寒露收豆，花生收在秋分后。
寒露不出头，晚稻喂黄牛。	寒露收谷忙，细打又细扬。

白露身不露，寒露脚不露

人们常说的"白露身不露，寒露脚不露"是一则保健知识谚语，它提醒大家：白露节气一过，穿衣服就不能再赤膊露体；寒露节气一过，应注重足部保暖。因"白露"之后气候冷暖多变，特别是一早一晚，更添几分凉意。如果这时再赤膊露体，就容易受凉，以致诱发伤风感冒或导致旧病复发。

"寒露脚不露"指出寒露之后，要特别注重脚部的保暖，切勿赤脚，以防"寒从足生"。由于人的双脚离心脏最远，因此血液供应较弱，而人脚脂肪层又薄，保温性也差，一旦受凉，就会造成人体免疫力和抵抗力下降。因此在深秋季节和寒冷的冬季，需要采取一定的御寒措施，以预防寒气入侵。

霜降

落木萧萧，露结为霜

霜降是秋季的最后一个节气，含有天气渐冷、开始降霜的意思，是秋季到冬季的过渡节气。每年阳历 10 月 23 日至 24 日，太阳到达黄经 210°时为霜降。晚上地面上散热很多，温度骤然下降到 0℃以下，空气中的水蒸气在地面或植物上直接凝结形成细微的冰针。

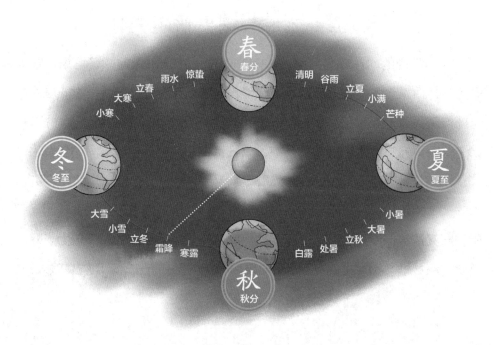

霜降三候

初候，豺乃祭兽

二候，草木黄落

三候，蛰虫咸俯

　　豺狼将捕获的猎物先陈列后食用，就像是一种祭祀仪式。草木叶子已经普遍变黄，随着秋风开始从树上落下。蛰虫也全在洞中不动不食，垂下头来进入冬眠状态。

　　随着霜降的到来，不耐寒的农作物已经收获或者即将停止生长，草木开始落黄，呈现出一派深秋景象。

节气诗文

枫桥夜泊

唐·张继

月落乌啼霜满天，江枫渔火对愁眠。

姑苏城外寒山寺，夜半钟声到客船。

商山早行

唐·温庭筠

晨起动征铎（duó），客行悲故乡。

鸡声茅店月，人迹板桥霜。

槲（hú）叶落山路，枳（zhǐ）花明驿墙。

因思杜陵梦，凫（fú）雁满回塘。

上面这首诗从"早行"的景象写起，清晨起床，旅店的车水马龙声不绝于耳。而在这热闹声中，诗人心中却生出"客行悲故乡"的羁旅之情。

|摘柿子、摞桑叶|

俗语说："霜降摘柿子，立冬打软枣。霜降不摘柿，硬柿变软柿。"全国各地凡是出产柿子的地方，都流行霜降摘柿子、吃柿子。闽南地区有句俗语就是"霜降吃丁柿，不会流鼻涕"。这句谚语也是有一定根据的，其原因是：柿子一般在霜降前后完全成熟，这时候的柿子皮薄、肉鲜、味美，营养价值高。但是，尽管柿子好吃，也不能多吃，尤其不能空腹吃。

霜降节气的到来意味着秋天就要结束，这个时候很多水果开始丰收，过去普通百姓家中，霜降这天都会买一些苹果和柿子来吃，寓意事事平安。而商人们则买栗子和柿子来吃，意味着利市。这些民俗包含着劳动人民对美好生活的向往。

|打霜降|

霜降节气，是每年秋后农业丰收的一大节气。农谚有说："霜降到，无老少。"意思是此时田里的庄稼不论成熟与否，都可以收割了。

相传清代以前，江苏常州府武进县的教场演武厅旁的旗纛（dào）庙有隆重的收兵仪式。按古俗，每年立春为开兵之日，霜降是收兵之期，所以霜降前夕，府、县的总兵和武官们都要全副武装，身穿盔甲，手持刀枪弓箭，由标兵开路，鼓乐前导，浩浩荡荡、耀武扬威地从衙门出发，列队前往旗纛庙举行收兵仪式，以期拔除不祥、天下太平。霜降日的五更清晨，武官们会集庙中，行三跪九叩首的大礼。礼毕，列队齐放空枪三响，然后再试火炮、打枪，称为"打霜降"，此时百姓观者如潮。

相传，武将在"打霜降"之后，司霜的神灵就不敢随便下霜危害本地的农作物了。农民们还常以听到枪响与否和声音的高低来预测当年的丰歉。

传统节日 **祭祖节**

每年农历十月初一是民间的祭祖节，人们又称之为"十月朝"。在祭祀时，人们把冥衣焚化给祖先，叫作"送寒衣"。所以，祭祖节也叫"烧衣节"。

|烧寒衣|

在民间流传着一种说法，认为"十月一，烧寒衣"起源于商人的促销伎俩，这个精明的商人生逢东汉，就是造纸术的发明者蔡伦的大嫂。

传说这位大嫂名慧娘，她见蔡伦造纸有利可图，就鼓动丈夫蔡莫去向弟弟学习。蔡莫是个急性子，功夫还没学到家，就张罗着开了家造纸店，结果造出来的纸质量低劣，无人问津，夫妻俩对着一屋子的废纸发愁。眼见就得关门大吉了，慧娘灵机一动，想出了一个点子。

在一个深夜里，惊天动地的鬼哭声从蔡家大院里传出。邻居们吓得不轻，赶紧跑过来探问究竟，这才知道慧娘暴病身亡。只见当屋一口棺材，

蔡莫一边哭诉，一边烧纸。烧着烧着，棺材里忽然传出了响声，慧娘的声音在里面叫道："开门！快开门！我回来了！"众人呆若木鸡，好半天才回过神儿来，上前打开了棺盖。只见一个女人跳出棺来，此人就是慧娘。

只见慧娘摇头晃脑地高声唱道："阳间钱路通四海，纸在阴间是钱财，不是丈夫把钱烧，谁肯放我回家来！"她告诉众人，她死后到了阴间，阎王发配她推磨。她拿丈夫送的纸钱买通了众小鬼，小鬼们都争着替她推磨——有钱能使鬼推磨啊！她又拿钱贿赂阎王，最后阎王就放她回来了。

蔡莫也假装出一副莫名其妙的样子，说："我没给你送钱啊！"慧娘指着燃烧的纸堆说："那就是钱！在阴间，全靠这些东西换吃换喝。"蔡莫一听，马上又抱了两捆纸来烧，说是烧给阴间的爹娘，好让他们少受点苦。

夫妻俩合演的这一出双簧戏，可让邻居们上了大当！众人见纸钱竟有让人死而复生的妙用，纷纷掏钱买纸去烧。一传十，十传百，不出几天，蔡莫家囤积的纸张就卖光了。由于慧娘"还阳"的那天是十月初一，后来人们便都在这天上坟烧纸，以祭奠死者。

霜降霜降，日落就暗。

霜降晴，风雪少。

霜打两匹荚，到老都不发。

霜降变了天。

霜降不见霜，还要暖一暖。

霜降不降霜，来春天气凉。

霜降不刨葱，到时半截空。

霜降不晒菜，无吃不见怪。

霜降采柿子，立冬打晚枣。

霜降抽勿齐，晚稻牵牛犁。

霜降当日霜，庄稼尽遭殃。

霜降气候渐渐冷，牲畜感冒易发生。

九月霜降无霜打，十月霜降霜打霜。

霜降晴，晴到年暝（除夕）。

几时霜降几时冬，四十五天就打春。

霜降霜降，移花进房。

霜降无雨，清明断车。

霜降下雨连阴雨，霜降不下一季干。

霜降腌白菜。

霜降一过百草枯，薯类收藏莫迟误。

霜降有风，两寒有霜。

霜降有雨，开春雨水多；霜降无雨，冬春旱。

冬

立冬
小雪
大雪
冬至
小寒
大寒

立冬

北风潜入，万物冬眠

立冬节气在每年阳历的 11 月 7 日至 8 日，我国民间习惯以立冬为冬季的开始，其实，我国幅员辽阔，各地的冬季并不都是于立冬日开始的。

立冬预示着冬天的来临，而且有万物收藏、规避寒冷之意，这个时节天气开始变得寒冷，并且逐渐出现寒风、雨雪天气。

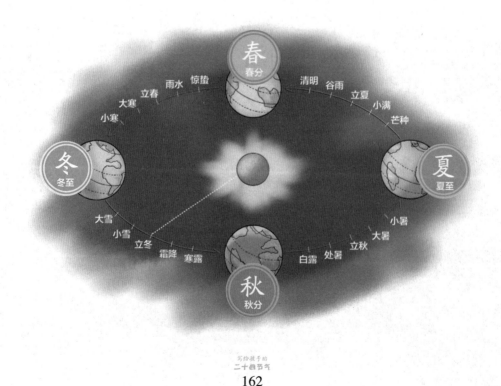

立冬三候

初候，水始冻

二候，地始冻

三候，雉入大水为蜃

进入冬季，随着气温的降低，水开始结冰。地温也逐渐下降，土地开始冻结。

雉指野鸡一类的大鸟，蜃为大蛤。立冬后，野鸡一类的大鸟便不多见了，而海边却可以看到外壳与野鸡的线条及颜色相似的大蛤，所以古人认为雉到立冬后便变成大蛤了。

按气候学划分四季标准，以下半年平均气温降到10℃以下为冬季，"立冬为冬日始"的说法与黄淮地区的气候规律基本吻合。我国最北部的漠河及大兴安岭以北地区，9月上旬就已进入冬季，北京于11月下旬也已一派冬天的景象，而长江流域的冬季要到小雪节气前后才真正开始。

节气诗文

今年立冬后菊方盛开小饮

南宋·陆游

胡床移就菊花畦，饮具酸寒手自携。

野实似丹仍似漆，村醪（láo）如蜜复如齑（jī）。

传芳那解烹羊脚，破戒犹惭擘蟹脐。

一醉又驱黄犊出，冬晴正要饱耕犁。

这首诗写的是立冬之后，诗人见到菊开盛景的喜悦。风格狂放洒脱，充满了激情，洋溢着豪放与热忱。

诗文通篇叙事，讲述立冬过后，诗人偶然发现菊花盛开，虽近况窘迫，但仍忍不住心中的喜悦，纵情痛饮。心情大好，酒意正浓，诗人将小黄牛赶出来，大好的天气，当然要去农田中努力劳作。

诗人并未在诗中写出自己的感受，但菊花盛开带来的狂喜，就如同久旱甘霖一般，让诗人暂时忘却了所有的忧愁，对未来充满了期盼，使诗人充满了动力。

传统习俗

| 迎冬 |

在古代立冬日，天子有出郊迎冬的仪式，并赐群臣冬衣、抚恤孤寡。立冬前三日掌管历法祭祀的官员会告诉天子立冬的日期，天子便开始沐浴斋戒。立冬当天，天子率三公九卿到北郊六里处迎冬。回来后天子要大加赏赐，以安社稷。

| 吃饺子 |

在北方，立冬吃饺子已有上千年的历史。饺子有"交子之时"的意思，除夕夜吃饺子代表新旧两年的交替，而立冬则是秋冬季节的交替，所以也有吃饺子的风俗。

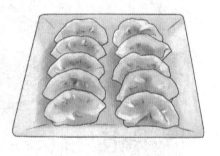

| 扫疥（jiè）|

明代，民间常以各色香草及菊花、金银花煎汤沐浴，称为"扫疥"。而旧时华北、华中一带，冬日天冷，洗澡不便，疥虫、跳蚤等寄生虫便乘机在人身上繁殖，皮肤病也容易流行、传染，人们通常在立冬这天洗药草香汤浴，希望把身上的寄生虫全部杀死，整个冬天不得疥疮。

补冬

冬天进补，在中国人心目中是根深蒂固的。为了适应气候季节性的变化，增强体质以抵御寒冬，全国各地在立冬日纷纷进行"补冬"。

出嫁的女儿会给父母送去鸡、鸭之类营养品，让父母补养身体，表达对父母的孝敬之心。

吃甘蔗、炒香饭

立冬日，潮汕人少不了甘蔗，潮汕谚语说："立冬食蔗齿不痛。"据说这一天吃了甘蔗，可以保护牙齿，也有滋补的功效。

立冬时节除了吃甘蔗之外，潮汕有些地方还保持着吃"香饭"的习俗。立冬日，用花生、蘑菇、板栗、虾仁、红萝卜等做成的香饭，深受潮汕民众喜爱。营养价值丰富、口感浓郁香脆的板栗，是炒香饭的上等佐料，也是市场上的抢手货。

腌菜

立冬这天有的地方会祭拜地神，表示欢迎冬天的来临，更把初熟的新鲜蔬菜加以腌藏，以备冬日之需。

北宋的《东京梦华录》里记载了当时汴京人在立冬时忙着腌菜的情景："是月立冬，前五日，西御园进冬菜。京师地寒，冬月无蔬菜，上至宫禁，下及民间，一时收藏，以充一冬食用，于是车载马驮，充塞道路。"

|养冬|

中医认为：万物皆生于春，长于夏，收于秋，藏于冬，人也是这样。也就是说冬天是一年四季中保养、积蓄的最佳时机。浙江地区将立冬称为"养冬"，要吃各种营养品进补，这天要杀鸡或鸭给家人补身体，也有吃猪蹄进补的。台湾地区在立冬这一天，街头的"羊肉炉""姜母鸭"等冬令进补餐厅高朋满座。许多家庭还会炖麻油鸡、四物鸡来补充能量。

传统节日 下元节

农历十月十五，为中国民间传统节日下元节，也称"下元日""下元"。

传说道教最高天神元始天尊分别从口中吐出三子，三子降临人间为三位帝王尧、舜、禹。尧规定了天时，因此被任命为天官。舜把中国分为十二州，使百姓安居乐业，因此被任命为地官。禹治理洪水，使家家户户安全，因此被任命为水官。

三官各有生日：天官是正月十五生，地官是七月十五生，水官是十月十五生。于是，民间把这三天称为上元节、中元节、下元节。

由于下元节是水官的诞辰，也是水官解厄之辰，即水官根据考察，上报天庭，为人解厄，民间为了纪念他的功德，便在这一天举行祭祀活动。

斋三官

"斋三官"指祭祀天官、地官、水官，祈求风调雨顺、国泰民安。由于"水官解厄"说法的流传，即每逢下元节来临，水官下凡巡查各家善恶，为人们解除灾难，因此家家户户会张灯结彩，在正厅挂上一对提灯，并在灯下供奉鱼肉水果等物。

经典谚语

冬前不结冰，冬后冻死人。	立冬太阳睁眼睛，一冬无雨格外晴。
冬前不下雪，来春多雨雪。	立冬田头空。
立冬，青黄刈到空。	立冬无雨满冬空。
立冬白菜赛羊肉。	立冬无雨一冬晴，立冬有雨春少晴。
立冬白一白，晴到割大麦。	立冬西北风，来年五谷丰。
立冬北风冰雪多，立冬南风无雨雪。	立冬雪花飞，一冬烂泥堆。
立冬补冬，补嘴空。	立冬一片寒霜白，晴到来年割大麦。
立冬不砍菜，受害莫要怪。	立冬阴，一冬温。
立冬不撒种，春分不追肥。	立冬不使牛。

小雪

始有降雪，夜冻昼化

太阳黄经达到240°时，进入小雪节气，一般是每年阳历11月22日（或23日）开始，至阳历12月7日（或8日）结束。节气的小雪与天气的小雪无必然联系，我国地域辽阔，"小雪"代表性地反映了黄河中下游区域的气候情况。这时北方已进入封冻季节，有些地方开始下雪。

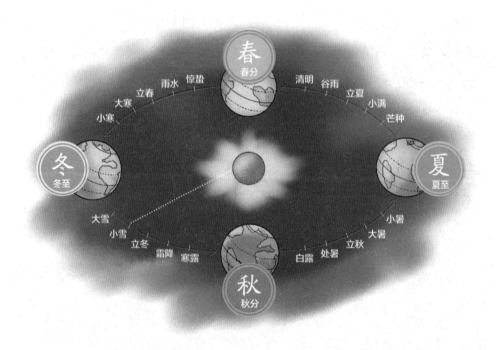

小雪三候

初候，虹藏不见
二候，天腾地降
三候，闭塞成冬

    小雪节气，气温逐渐下降，降水越来越少，开始看不见彩虹。植物大多枝叶凋零，昆虫和一些爬行类动物也进入冬眠，万物失去生机，天地闭塞而转入严寒的冬天。

    地面上的露珠变成严霜，天空中的雨滴成了雪花，流水凝固成坚冰，整个大地披上了一层洁白的素装。但这个时候的雪，常常是半冻半融状态，气象上称为"湿雪"，有时还会雨雪同降，这类降雪称为"雨夹雪"。

节气诗文

和萧郎中小雪日作
唐·徐铉

征西府里日西斜，独试新炉自煮茶。

篱菊尽来低覆水，塞鸿飞去远连霞。

寂寥小雪闲中过，斑驳轻霜鬓上加。

算得流年无奈处，莫将诗句祝苍华。

小雪
南宋·释善珍

云暗初成霰（xiàn）点微，旋闻蔌（sù）蔌洒窗扉。

最愁南北犬惊吠，兼恐北风鸿退飞。

梦锦尚堪裁好句，鬓丝那可织寒衣。

拥炉睡思难撑拄，起唤梅花为解围。

自古以来，有关雪的诗句数不胜数，而写小雪的诗相对来讲却是很少。与大雪的铺天盖地比起来，小雪自有其独特的美。上面这首诗正是描写小雪的典范之作，诗中的小雪飘飘洒洒、不紧不慢，尽数落于窗前，既怕狗的吠叫惊了这份宁静，又怕北风乍起坏了这份雅致，诗人的喜爱之情溢于言表。

传统习俗

|祭水仙尊王|

水仙尊王，简称水仙王，是中国海神之一，以贸易商人、船员、渔民最为信奉。各地供奉的水仙尊王各有不同，以善于治水的夏禹为主。一般以伍子胥、屈原等人，或其他英雄才子、忠臣烈士与大禹合并供奉，称为"诸水仙王"。

大禹是古时帝王，因治水有功而受后人爱戴。伍子胥是春秋时楚人，忠诚报国却遭人陷害，最后自刎浮尸于江中。屈原是战国时楚人，正欲施展抱负却因奸臣谗言，被贬长沙，有志难伸，忧民忧国而投汨罗江自尽。才华横溢的王勃，27岁溺死于南海。这几人的死，与水有密切的关系，并且都是忠臣和有才能的人，所以人们往往把他们奉为水神，配祀在水仙正庙中。

昔日台湾地区航海技术落后，时有海难发生，但是靠海生活的人数众多，所以船员、郊商、进出口商都信奉水仙王，并在主要港口建立庙宇奉祀，每年水仙王诞辰，都举行盛大祭

冬

典。这段时间大多处在小雪节气期间，所以小雪也就成为祭祀水仙王的重要时段。

｜吃风鸡｜

这里的"风"指的是风干，即将用花椒、香盐腌制好的肉、鱼、鸡等，挂于屋外房檐下阴凉、干燥通风处，不让日光照射，只让自然风吹，一个半月后花椒香盐入骨即可食用。

在湖南地区有吃泥风鸡的习惯，这种鸡的做法是用黄泥将鸡体连毛糊住风干。风鸡在初冬之时腌制，俗语有"交小雪，腌风鸡"之说。泥风鸡可存放半年左右，食用时，轻轻打碎泥壳，则泥毛尽去。

经典谚语

节到小雪天下雪。	小雪见晴天，有雪到年边。
小雪不分股，大雪不出土。	小雪节到下大雪，大雪节到没了雪。
小雪不封地，不过三五日。	小雪满田红，大雪满田空。
小雪不耕地，大雪不行船。	小雪棚羊圈，大雪堵窟窿。
小雪不见雪，大雪满天飞。	小雪晴天，雨至年边。
小雪收葱，不收就空。	小雪不下看大雪，小寒不下看大寒。
小雪大雪，炊烟不歇。	小雪无云大雪补，大雪无云百姓苦。
小雪大雪，种麦歇歇。	小雪大雪不见雪，来年灭虫忙不撤。
小雪西北风，当夜要打霜。	小雪大雪不见雪，小麦大麦粒要瘪。
小雪地能耕，大雪船帆撑。	小雪雪满天，来年必丰年。
小雪封地，大雪封河。	小雪不起菜（白菜），就要受冻害。

|小雪花满天，来岁必丰年|

　　我国古时，人们把雪称为"谷之精"，这是因为小雪节气的降雪对田间的作物，尤其是冬小麦的生长大有裨益。雪可以为作物保温，利于土壤的有机物分解，可增强土壤肥力，雪还有防风干的作用，又可在开春融化成水分，冻死土地表层的害虫和虫卵。所以民间流传着"小雪花满天，来岁必丰年"的说法。

大雪节气通常在每年阳历的 12 月 6 日至 8 日，其时太阳到达黄经
255°。

大雪时节，我国大部分地区的最低温度都降到了 0℃以下，有的地区往
往会降大雪，甚至暴雪。可见，大雪节气是表示这一时期降大雪的起始时间
和雪量程度，它和小雪、雨水、谷雨等节气一样，都是直接反映降水的节气。

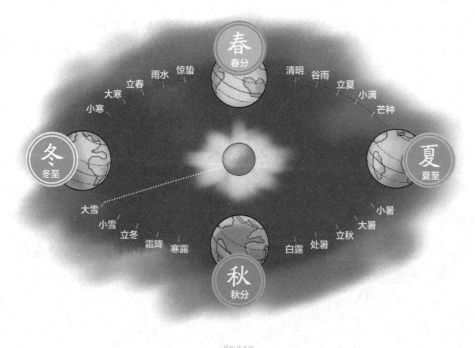

大雪三候

初候，鹖（hé）鸫（dàn）不鸣

二候，虎始交

三候，荔挺出

随着气温的降低，连寒号鸟也不再鸣叫了，而老虎开始求偶。荔挺是兰草的一种，在这时萌动而抽出新芽。

古时关于月令的书上说："至此而雪盛也。"大雪的意思是天气更冷，降雪的可能性比小雪时更大了。大雪前后，黄河流域一带渐有积雪；而北方，已是"千里冰封，万里雪飘"的严冬了。大雪相对于小雪来说，气温也会更低。

节气诗文

江雪

唐·柳宗元

千山鸟飞绝，万径人踪灭。

孤舟蓑笠翁，独钓寒江雪。

传统习俗

|腌肉|

俗语说："未曾过年，先肥屋檐。"说的是到了大雪节气，到大街小巷随便走走，会发现许多小区居民楼的门口、窗台都挂上了腌肉、香肠、咸鱼等腌菜，形成一道亮丽的风景。尤其是江苏一带，更有着"小雪腌菜，大雪腌肉"的习俗。

那么，大雪腌肉的习俗从何而来呢？这就不得不提在中国传说中非常著名的怪兽——年兽了。相传年兽是一种头长尖角的凶猛怪兽，它长年深居海底，但每到除夕，都会爬上岸来伤人。人们为了躲避伤害，每到年底就足不出户。因此，在年兽出来前，就必须储备很多食物。因鱼、鸡、鸭等肉食品无法久存，人们就想出了将肉食品腌制存放的方法。

|打雪仗、赏雪景|

大雪期间，如恰遇天降大雪，人们都热衷于在冰天雪地里打雪仗、赏雪景。南宋《武林旧事》有一段话描述了杭州城内的王室贵戚在大雪天里堆雪山雪人的情形："禁中赏雪，多御明远楼，后苑进大小雪狮儿，并以金铃彩缕为饰，且作雪花、雪灯、雪山之类，及滴酥为花及诸事件，并以金盆盛进，以供赏玩。"

|藏冰|

古时，为了能够在炎炎夏日享用到冰块，一到大雪时节，官家和民间就开始储藏冰块。这种藏冰的习俗历史悠久，我国冰库的历史至少已有三千年以上。据史籍记载，西周时期的冰库就已颇具规模，当时称为"凌阴"，管理冰库的人则称为"凌人"。西周时期的冰库建造在地表下层，并用砖石、陶片之类砌封，或用火将四壁烧硬，具有较好的保温效果。

为了保持藏冰不"变质"，还要定期对冰库进行维修保养。古人冬季藏冰，春天开始使用冰库，炎夏之际将冰用完，秋天清刷整修，以备冬天再贮新冰。这样年复一年，冰库去旧纳新，年年为人们贮藏生活用冰。

17世纪的冰库被改良为了"冰窖"。冰窖也建筑在地下，四面用砖石垒成，有些冰窖还涂上了用泥、草、破棉絮或炉渣配成的保温材料，进一步提高了冰窖的保温能力。冰窖以京城最多，以皇家冰窖最为宏大。

藏冰时，要祭司寒之神，祭品要用黑色的公羊和黑色的黍子。古代藏冰有多种用途，如祭祀、保存尸体、食品防腐、避暑制冷等。每值宗庙大祭祀，冰也是首位的上荐供品，不可缺少。当然，古代用冰量最大的还是夏日的冷饮和冰食。

古代的劳动人民已能用冬贮之冰制作各种各样的冷饮食品了。从屈原《楚辞》中所吟咏的"挫糟冻饮"，到汉代蔡邕（yōng）待客的"麦饭寒水"，以及后来唐代宫廷的"冰屑麻节饮"、元代的"冰镇珍珠汁"等，几千年来，冰制美食的品种不断增多。当然，古代能享受冰食冷饮、大量用冰的，多为权贵富豪。

大约到了唐朝末期，人们在生产火药时开采出大量硝石，发现硝石溶于水时会吸收大量的热，可使水降到结冰的温度，从此人们便可以在夏天制冰了。以后逐渐出现了做买卖的人，他们把糖加到冰里吸引顾客。到了宋代，市场上冷食的花样就多起来了，商人们还在里面加上水果或果汁。元代的商人甚至在冰中加上果浆和牛奶，这和现代的冰激凌已是十分相似了。

| 吃饴糖 |

我国北方很多地区，在大雪的时候均有吃饴（yí）糖的习俗。每到这个时候，街头就会出现很多敲锡（tāng）锣卖饴糖的小摊贩。锡锣一敲，便吸引许多小孩、妇女、老人出来购买。

经典谚语

大雪不冻，惊蛰不开。	冬有大雪是丰年。
大雪不冻倒春寒。	冬有三尺雪，人有一年丰。
大雪不寒明年寒。	寒风迎大雪，三九天气暖。
大雪河封住，冬至不行船。	化雪地结冰，上路要慢行。
大雪纷纷落，明年吃馍馍。	今冬大雪飘，来年收成好。
大雪晴天，立春雪多。	落雪见晴天，瑞雪兆丰年。

冬至

数九寒天，白昼最短

　　冬至是中国农历中一个非常重要的节气，也是中华民族的一个传统节日，冬至俗称"冬节""长至节""亚岁"等。早在两千五百多年前的春秋时代，中国就已经用土圭观测太阳，测定出了冬至，它是二十四节气中最早制定出的一个，时间在每年的阳历 12 月 21 日至 23 日之间，太阳黄经到达 270°。冬至这一天是北半球全年中白天最短、夜晚最长的一天。

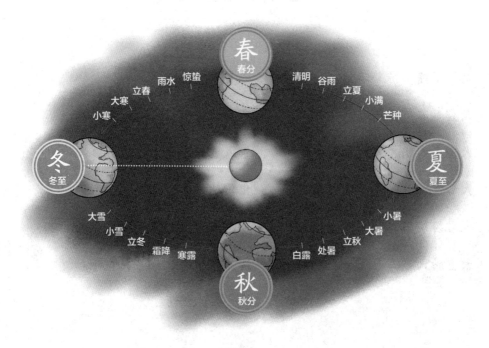

冬至三候

初候，蚯蚓结

二候，麋角解

三候，水泉动

土中的蚯蚓仍然蜷缩着身体，麋感阴冷之气渐退而脱角，山中的泉水流动着并且开始慢慢温热。

天文学上把冬至规定为北半球冬季的开始，但这对于我国多数地区来说，显然偏迟。冬至期间，西北高原平均气温普遍在 0℃ 以下，南方地区也只有 6℃ ~8℃。不过，西南低海拔河谷地区，即使在当地最冷的 1 月上旬，平均气温仍然在 10℃ 以上，可以说是秋去春来，全年无冬。

节气诗文

邯郸冬至夜思家

唐·白居易

邯郸驿里逢冬至，抱膝灯前影伴身。

想得家中夜深坐，还应说着远行人。

|过冬节|

冬至是一个历史悠久的节日，可以上溯到周代。当时即有于此日"天子率三公九卿迎岁"的盛典之礼俗。到了汉代，冬至正式成为一个节日，百官放假休息，次日吉服朝贺。这个规矩一直沿袭。魏晋以后，冬至有臣下向天子进献鞋袜礼仪，表示迎福践长；唐、宋、元、明、清各朝都以冬至和元旦并重，百官放假数日并进表朝贺，特别是在南宋，冬至节日气氛比过年更浓，因而有"肥冬瘦年"的说法。由上可见，由汉至清，说冬至是"亚岁"，甚至"大过年"，绝非虚话。究其原因，主要是周朝以农历十一月初一为岁首，而冬至日总在十一月初一前后。此外，也与古人认为冬至是"阴极之至，阳气始生"观念有关。

而在民间，冬至节俗要比官方礼仪更加丰富。东汉时，天、地、君、师、亲都是冬至的供贺对象。南北朝时，民间有冬至日吃赤小豆以避邪的习俗。唐宋时冬至与岁首并重，于是穿新衣、办酒席、祀祖先、庆贺往来等，几乎跟过新年一样。明清时，官方仍然维持着一些基本的冬至贺仪，民间却不似过年那样大肆操办了，主要集中在祀祖、敬老、尊师这几个项目上，由此衍生出裹馄饨、吃汤圆、学校放假、百工停业、慰问老师、相互宴请及全家聚餐等活动，因而相对过年来讲，更富有个性。

占测

在古代，由于人们在自然面前的力量十分渺小，所以人们特别关心未来一年的旱涝和丰歉，而作为曾经的岁首冬至，人们尤其喜欢在这天进行占测活动，以便从大自然中寻求某些征兆。

占测活动是多种多样的，大体包括观测日影、观云、观风、观晴雨、看雪、看米价几个方面。比如说在占测活动中，有以冬至晴雨预卜年关阴晴的，如潮汕一带民谚说："冬节乌，年夜酥；冬节红，年夜湿。"意思是说：冬节如果有太阳，过年夜就要下雨；反之，则过年夜天气很好。

吃冬节丸

冬至是一个内容丰富的节日，经过数千年发展，形成了独特的饮食文化。福建地区有冬至时吃汤圆的民俗，也叫吃冬节丸。

相传古时候有一才子，父亲早逝，剩下母子相依为命。母亲为了让儿子念书，靠上山砍柴和帮人做工赚钱维持生计，她含辛茹苦，一心盼望儿子长大成人，能够考取个功名。儿子十六岁时，正逢朝廷举考，儿子决定赶往京城参加考试。临行时，他跪向母亲保证，一定要考取状元报答母亲的养育之恩。但由于家住边远山区，道路崎岖难行，又是第一

次出远门，等到儿子到京城时，已过考试时间，回家已经没有路费了。儿子无奈，只好在外面边打工边自学，三年过去，他参加了科考，结果落榜了，只好再等三年，可第六年还是没有考上。儿子感觉无颜回去，决定继续等待下届再考，但那时交通不便，无法告诉母亲。可怜天下父母心，儿子一去六年，杳无音信，母亲日夜思念，精神恍惚，于是就独自一人漫无目标地出门找儿子。

一直等到第九年，儿子终于考上了状元，他骑着骏马，敲锣打鼓，前呼后拥，高高兴兴赶回家里准备向母亲报喜，却发现家里门锁已锈，母亲不见了。问及邻居，都说老母三年前就已出门，不知去向。儿子闻后如同晴天霹雳，泪流满面，他立即派人四处寻找，孝心感天。三天后，果然有士兵在深山老林发现一白发人，此人对山里的地形非常熟悉，且动作敏捷，见到人就跑，常人无法追上。儿子断定此人就是母亲。为了不让母亲受到更大的惊吓，儿子想起母亲过去最喜欢吃糯米粉做成的食品。于是他吩咐下去，做了大量的糯米圆子，从树林深处到家里沿途的树木、柱子、门上都粘上糯米圆子。白发人在树上寻找食物时，发现有这么多好吃的"果子"，于是就沿着食物一路走出山里。由于吃到了食物，精神越来越好，头脑逐渐清醒，刚好到了冬至这一天，母亲终于回到了家里与儿子团圆。

为了纪念儿子对母亲的一片孝心，闽南人在冬至节的这一天，都有吃汤圆和祭墓的习惯，而且在吃汤圆之前，先要捞一些粘在家里擦洗干净的柱子、柜子和门上，那粘上去的汤圆要等到三天之后才可以把它摘下来。这种习俗一直被闽南人延续下来，并代代相传。

|祭天祭祖|

在古代，祭祀可以说是一项严肃而不可缺少的仪式，上至君王、下至百姓对此都非常重视。古代帝王亲自参加的最重要的祭祀有三项：天地、社稷、宗庙。在所有的祭祀仪式当中，最隆重的祭祀便是祭天了。

天子于每年冬至祭天，登位也须祭告天地，表示"受命于天"。祭天起源很早，周代祭天的正祭是在国都南郊圜丘举行，那是一座圆形的祭坛，古人认为天圆地方，圆形正是天的形象。不过，周礼的仪式真正被用于祭天，其实是在魏晋南北朝的事情了。

｜拜师祭孔｜

尊师重教一向是我国的传统美德，而冬至祭孔和拜师就是它的一种集中表现。

在过去，小学生会穿新衣、携酒脯，前去拜师，以此表示对老师的敬意。有的地方旧俗则是由村里或者族里德高望重的人牵头，宴请教书先生。先生要带领学生拜孔子牌位，然后由长老带领学生拜先生。

如今，各地在冬至都不进行这些活动了，这种习俗已经销声匿迹。但是，冬至节总是给人们留下了"我国最早的教师节"的好名声，获得了后人的赞美。

｜捏冻耳朵｜

"捏冻耳朵"是冬至河南人吃饺子的俗称。相传南阳医圣张仲景曾在长沙为官，他告老还乡时正是大雪纷飞的冬天，寒风刺骨。他看见南阳白河两岸的乡亲衣不遮体，有不少人的耳朵被冻烂了，心里非常难过，就叫其弟子在南阳关东搭起棚，用羊肉、辣椒和一些驱寒药材放置锅里煮熟，捞出来剁碎，用面皮包成像耳朵的样子，再下锅里煮熟，做成一种叫驱寒矫耳汤的药物给百姓吃。服食后，乡亲们的耳朵都治好了。

后来，每逢冬至人们便模仿做着吃，故形成"捏冻耳朵"这种习俗。至今南阳仍有"冬至不端饺子碗，冻掉耳朵没人管"的谚语。

｜吃年糕｜

从清末民初直到现在，杭州人在冬至都爱吃年糕。每逢冬至，杭州人三餐做不同风味的年糕，早上吃的是芝麻粉拌白糖的年糕，中午是油墩儿菜、冬笋、肉丝炒年糕，晚餐是雪里蕻、肉丝、笋丝汤年糕。冬至吃年糕，寓意年年长高，图个吉利。

｜吃馄饨｜

我国许多地方有冬至吃馄饨的风俗。南宋时，冬至这天京师人家多食馄饨，过去老北京有"冬至馄饨夏至面"的说法，临安（今杭州）也有每逢冬至这天吃馄饨的风俗。宋朝人周密说，临安人在冬至吃馄饨是为了祭祀祖先。由南宋开始，我国开始盛行冬至吃馄饨祭祖的风俗。

经典谚语

不到冬至不寒，不至夏至不热。	冬至上云天上病，阴阴湿湿到天明。
大雪冬至后，篮装水不漏。	冬至十天阳历年。
冬节丸，一食就过年。	冬至始打霜，夏至干长江。
冬节夜最长，难得到天光。	冬至天气晴，来年百果生。
冬天不喂牛，春耕要发愁。	冬至天晴日光多，来年定唱太平歌。
冬至不下雨，来年要返春。	冬至西南百日阴，半阴半晴到清明。
冬至出日头，过年冻死牛。	冬至下雨，晴到年底。
冬至过，地皮破。	冬至响雷雷赶雷，正月二月落不歇。
冬至江南风短，夏至天气干旱。	冬至一场风，夏至一场暴。
冬至前后，冻破石头。	冬至一场霜，过冬如筛糠。
冬至日头升，每天长一针。	干净冬至邋遢年，邋遢冬至干净年。
犁田冬至内，一犁比一金。	算不算，数不数，过了冬至就进九。

小寒

霜雪交加，滴水成冰

小寒是一年二十四节气中的倒数第二个节气。在小寒时节，太阳运行到黄经 285°，时值阳历 1 月 5 日至 7 日，也正是从这个时候开始，我国气候进入一年中最寒冷的时段。根据中国的气象资料，小寒是气温最低的节气，只有少数年份的大寒气温是低于小寒的。

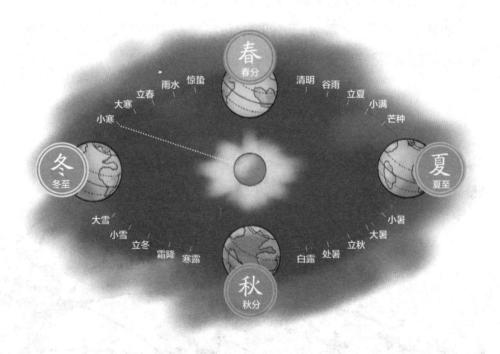

小寒三候

初候，雁北乡

二候，鹊始巢

三候，雉始雊（gòu，

鸣叫的意思）

大雁向北迁移，喜鹊开始筑巢，雉在接近四九时会感到阳气的生长而鸣叫。

小寒时节要比大寒更冷，但为什么依然叫"小寒"呢？原来，这和节气的起源有关。因为节气起源于黄河流域，黄河流域当时大寒是比小寒冷的。由于小寒处于"二九"的最后几天，小寒过几天后，才进入"三九"，并且冬季的小寒正好与夏季的小暑相对应，所以称为小寒。

小寒节气之后的大寒，处于"四九夜眠如露宿"的"四九"，也是很冷的，并且冬季的大寒恰好与夏季的大暑相对应，所以称为大寒。

节气诗文

寒夜

南宋·杜小山

寒夜客来茶当酒，竹炉汤沸火初红。

寻常一样窗前月，才有梅花便不同。

　　这首诗是诗人在深冬小寒之夜招待来客时的即兴之作，表现了一种"有朋自远方来，不亦乐乎"的喜悦心情。炉内炭火炽红，茶水沸腾。窗外月光皎洁，和往常没有两样，但今夜却感觉那梅花的香气格外袭人。"茶当酒"表现了"君子之交淡如水"的高雅，"火初红"寓意待客的热情，"一样"与"不同"反映出诗人此时此刻的特有心境，寥寥数语，暗中呼应，其情景、心态、意境栩栩如生，跃然纸上。

| 吃菜饭 |

所谓菜饭就是青菜加油盐煮米饭，佐以矮脚黄（一种青菜）、咸肉、香肠、火腿、板鸭丁，再剁上一些生姜粒与糯米一起煮，十分鲜香可口。其中矮脚黄是南京的著名特产，可以说是真正的"南京菜饭"，甚至可与腊八粥相媲美。

| 吃糯米饭 |

在广东，小寒这一天的早上要吃糯米饭。糯米饭并不只是把糯米煮熟那么简单，里面会配上炒香的"腊味"（广东人统称腊肠和腊肉为"腊味"）、香菜、葱花等佐料，吃起来特别香。

"腊味"是煮糯米饭必备的，一方面是其脂肪含量高，耐寒；另一方面是糯米本身黏性大，饭气味重，需要一些油脂类掺和吃起来才香。

| 磨豆腐 |

一般情况下，小寒节气都已经进入腊月了，这个时候，家家户户都在忙着迎接新年，其中一项必备民俗项目就是磨豆腐。由于做豆腐的程

序相对比较复杂，所以在做豆腐的时候，邻里之间有时便会相互切磋、相互帮助，工作现场常常一片欢笑声，增添了节前的喜庆气氛。

传统节日 腊八节

　　"腊月"之名是中国原始社会从狩猎时期刚进入农业初期的时候——也就是在传说中的神农时代就已经有了。腊月，说到底，就是一年的结尾。

　　腊月最重要的节日，就是每年腊月初八——我国传统的腊八节。古代腊八节有欢庆丰收、感谢祖先和神灵（包括门神、户神、宅神、灶神、井神）的祭祀仪式，除祭祖敬神的活动外，人们还要驱鬼除疫。古时的医疗方法之一即驱鬼治疾。

| 喝腊八粥 |

腊八节在中国有着很悠久的传统和历史，在这一天喝腊八粥是全国各地老百姓最传统、也是最讲究的习俗。

中国喝腊八粥的历史已有一千多年，最早开始于宋代。每逢腊八这一天，不论是朝廷、官府、寺院还是黎民百姓家都要做腊八粥。到了清朝，喝腊八粥的风俗更是盛行。在宫廷，皇帝、皇后、皇子等都要向文武大臣、侍从宫女赐腊八粥，并向各个寺院发放米、果等供僧侣食用。在民间，家家户户也要做腊八粥，祭祀祖先，同时，合家团聚在一起食用，并馈赠亲朋好友。

在东北有句谚语"腊八腊八，冻掉下巴"之说，意指腊八这一天非常冷，吃腊八粥可以使人暖和、抵御寒冷。

|吃冰、冻冰冰|

除了腊八粥，有些地方还有"吃冰"的习俗。腊八前一天，人们往往会用钢盆舀水结冰，等到了腊八节就把盆里的冰敲成碎块。

在有的地方，每年腊月初七夜，家家都要为孩子们"冻冰冰"。在一碗清水里，大人用红萝卜刻成各种花朵，用香菜做绿叶，摆在室外窗台上。第二天清早，如果碗里的水冻起了疙瘩，便预兆着来年小麦丰收。将冰块从碗里倒出，晶莹透亮，煞是好看。孩子们人手一块，边玩边吸吮。也有的人清晨一起床，便去河沟、水池打冰，将打回的冰块倒在自家地里或粪堆上，祈求来年风调雨顺、庄稼丰收，这些习俗其实都表达了劳动人民期望丰收的美好愿望。

经典谚语

人到小寒衣满身，牛到大寒草满栏。	小寒寒，惊蛰暖。
小寒不寒，清明泥潭。	小寒节日雾，来年五谷富。
小寒暖，春多寒；小寒寒，六畜安。	小寒大寒，滴水成冰。
小寒大寒，杀猪过年。	小寒暖，立春雪。
小寒大寒不冷，小暑大暑不热。	小寒胜大寒。
小寒大寒不下雪，小暑大暑田开裂。	小寒天气热，大寒冷莫说。
小寒大寒多南风，明年六月早台风。	小寒无雨，小暑必旱。
小寒大寒寒得透，来年春天天暖和。	小寒小寒，无风也寒。

大寒

天寒地冻，孕育轮回

　　每年阳历1月20日至21日，太阳到达黄经300°时为大寒。大寒时节，寒潮南下频繁，我国很多地区风大，低温，地面积雪不化，呈现出冰天雪地、天寒地冻的严寒景象。大寒就是天气寒冷到了极点的意思，大寒正值三九，谚云："冷在三九。"

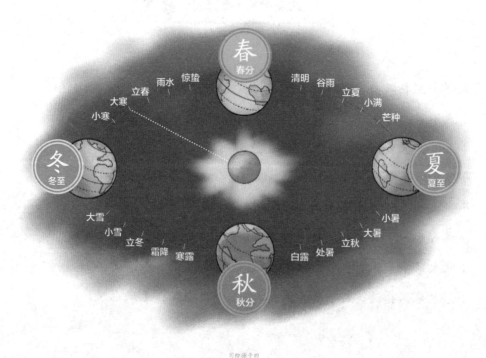

大寒三候

初候，鸡乳

二候，征鸟厉疾

三候，水泽腹坚

到了大寒节气，已经可以孵小鸡。鹰隼之类的征鸟，正处于捕食能力极强的状态中，盘旋于空中到处寻找食物，以补充身体的能量，抵御严寒。在一年的最后五天，水域中的冰一直冻到水中央，且最结实、最厚。

节气诗文

大寒出江陵西门

南宋·陆游

平明羸马出西门，淡日寒云久吐吞。

醉面冲风惊易醒，重裘藏手取微温。

纷纷狐兔投深莽，点点牛羊散远村。

不为山川多感慨，岁穷游子自销魂。

传统习俗

|尾牙祭|

所谓"尾牙"是中国对土地公的"牙"的称谓。民间将二月二称为"头牙"，以后每缝初二、十六都要拜土地公，而腊月十六就是最后一个"牙"，因此也叫"尾牙"。传统的尾牙这天，商人要设宴款待

宾客，感谢他们一年来对自己生意上的照顾，同时也向街坊邻居表达和善之意。

|吃糯米|

在我国南方广大地区，有大寒吃糯米的习俗，这项习俗虽听来简单，却蕴含着前人在生活中积累的生活经验，因为进入大寒天气分外寒冷，糯米是热量比较高的食物，有很好的御寒作用。

┃办年菜┃

大寒时节人们开始办年菜，就是将菜肴制成半成品，主要是油炸食物。这一天，孩子们都不愿上街玩，而是围着锅台瞅。母亲们总是把那炸老了或炸得不漂亮的塞给他们。等到吃晚饭时，可能小孩儿们早已饱得吃不下饭了。

┃赶年集┃

大寒时节人们有赶年集的风俗，为过年做准备。赶年集是农村集市一年中最热闹的时候，平时由于农忙，大家赶集都是行色匆匆，买了需要的东西就急急回家，因为老百姓最关心的就是田里的庄稼。进入腊月，

庄稼该收的收到家里了，该种的已经种上，所以才会有赶年集的心情。

　　每到集市的那天，无论男女老幼都会穿戴整齐，呼朋引伴，去集市逛逛。与其说是赶集，还不如说是去赶会。因为在集市上除了可以采购一些过年的必需品外，还可以消遣消遣，逛逛街，和熟人聊聊天。当然，赶集最重要的一件事情还是购置年货。集市上的商品可以说是琳琅满目，什么烟酒糖茶、衣帽鞋袜，吃的用的应有尽有。

传统节日　小年

小年是相对大年（春节）而言的，又称为小岁、小年夜。

| 祭灶 |

　　祭灶的祭祀对象是灶君。所谓灶君，就是民间俗称的灶王爷、东厨司命。相传灶君掌握一家的祸福，每年农历腊月二十三或二十四，要上天向玉皇大帝禀告人间善恶，所以家家户户在这一天将酒、糖、果等供品放在厨房灶神牌位下祭祀，祭祀后要烧掉灶神像，送灶神上天。

|扫尘|

　　腊月扫尘是民间素有的传统习惯，有为过年做准备的特殊意义，这种习俗一般始于腊月初，盛于腊月二十三，终于月底最后一天。特别是在有"小年"之称的腊月二十三，意味着一只脚已经踏进新年的门槛。旧时人们从这天开始就正式大扫除，扫尘土、倒垃圾、粉刷墙壁、糊裱窗纸等，以保证屋里屋外整洁一新，喜迎新年，因此扫尘又称"扫年"。

　　另外，民间认为"尘"与"陈"谐音，陈是陈旧之意，包括过去一年里所有的东西。人们在新春扫尘，就有"除陈布新"的寓意，认为扫尘就可以把过去的"穷运""晦气"都统统扫地出门，这一习俗寄托着人们辞旧迎新的美好愿望。

|喝鸡汤、炖蹄　、做羹食|

　　大寒节气已是农历四九前后，南京地区不少家庭仍然不忘传统的"一九一只鸡"的食俗。做鸡一定要用老母鸡，或单炖，或添加参须、枸杞、黑木耳等合炖，寒冬里喝鸡汤真是一种享受。

　　然而更有南京特色的是腌菜头炖蹄髈，这是其他地方所没有的吃法。小雪时腌的青菜此时已是鲜香可口；蹄髈有骨有肉，有肥有瘦，肥而不腻，营养丰富。腌菜与蹄髈为伍，可谓荤素搭配，肉显其香，菜显其鲜，既有营养价值又符合科学饮食要求，且家庭制作十分方便。

到了腊月，老南京人还喜爱做羹食用。羹肴各地都有，做法也不一样，如北方的羹偏于黏稠厚重，南方的羹偏于清淡精致，而南京的羹则取南北风味之长，既不过于黏稠或清淡，又不过于咸鲜或甜淡。南京人冬日喜欢食羹还有一个原因是取材容易，可繁可简，可贵可贱，肉糜、豆腐、山药、木耳、山芋、榨菜等，都可以做成一盆热乎乎的羹，配点香菜，撒点白胡椒粉，吃得浑身热乎乎的。

| 贴窗花 |

窗花将吉事祥物、美好愿望表现得淋漓尽致，营造出喜庆的节日气氛。据说旧时刚娶新媳妇的人家，新媳妇要带上自己剪制的各种窗花到婆家糊窗户，左邻右舍还要前来观赏，看新媳妇的手艺如何。

|蒸供儿|

腊月二十三后，家家户户蒸供品，俗称蒸供儿，这象征着好兆头，意味着来年会蒸蒸日上，且蒸供儿时需要将面发起，预示着在下一年会发大财。蒸供儿不但是祭神的供品，还蕴含着人们对来年的美好期盼。

|吃饺子、炒玉米|

祭灶节，北方讲究吃饺子，取意于"送行饺子迎风面"。晋东南地区流行吃炒玉米，民谚有"二十三，不吃炒，大年初一一锅倒"的说法。人们喜欢将炒玉米用麦芽糖黏结起来，冰冻成大块，吃起来酥脆香甜。

经典谚语

大寒不冻，冷到芒种。	冬天北风起劲吹，晴暖天气紧相随。
大寒不寒，春分不暖。	冬天怕起老北风。
大寒不寒，人马不安。	冬天有雾有霜，天气必定晴朗。
大寒到顶点，日后天渐暖。	冬雾一冬晴，春雾一天晴。